Das große Buch der KENO-Systeme – Bd. 1

Über dieses Buch

Keno, die neue Zahlenlotterie, bietet bei bestimmten Kenotypen erheblich bessere Gewinnchancen als das bekannte Zahlenlotto 6 aus 49. Sie hat daher schon nach kurzer Zeit viele Anhänger gefunden. Kenofreunden fehlt es jedoch an Systemen, die es ihnen ermöglichen, einen größeren Zahlenbereich mit Mindestgarantien zu kombinieren. Das große Buch der Keno-Systeme – Bd. 1 schließt diese Lücke. Es enthält 64 berechnete, kombinatorisch optimierte und mit prozentualen Leistungstabellen ausgestattete Systemkonstruktionen. Wer auf professionell konstruierte Reihenverknüpfungen, exakt berechnete Trefferchancen, spielerleichternde Abwicklungsschemata sowie auf ein Spiel mit mäßigem Einsatz Wert legt, findet in diesem Buch das passende System.

Über den Autor

Glücksspielexperte Wolfgang Teschner, bekannt durch Printmedien und TV (Planetopia), analysiert und beschreibt in kritischer Weise Chancen und Risiken von Glücksspielen. Weitere Publikationen: Keno – die Zahlenlotterie (2005), Oddset – Buchmacherwetten (2001), Der Wettbörsen-Profi (2008).

# Das große Buch der Keno-Systeme

Band 1

Bibliographische Information der Deutschen Bibliothek:
Die Deutsche Bibliothek verzeichnet diese Publikation in der Deutschen Nationalbibliographie; detaillierte bibliographische Daten sind im Internet über http://dnb.de abrufbar

Alle Rechte vorbehalten
Alle Angaben ohne Gewähr

© Wolfgang Teschner 2008
Herstellung und Verlag: Books on Demand GmbH, Norderstedt

ISBN 978-3-8370-7128-3

**Lieber KENO-Freund!**

Kann man Keno wie das Zahlenlotto mit System spielen? Selbstverständlich, man kann, auch wenn dies von den Lottogesellschaften bisher nicht in Kurzschreibweise angeboten wird. Wie beim Zahlenlotto kann man auch bei Keno verschiedene Tippreihen zu einer sinnvollen Konstruktion, den Kenosystemen, verknüpfen. Diese Verknüpfungen sollen dem Spieler einen möglichst hohen Gewinn garantieren, sobald er damit eine Mindestanzahl von Treffern erzielt hat.

Da es bei Keno 9 verschiedene Spielarten, sogenannte Kenotypen, gibt, ist eine große Vielfalt von Kenosystemen möglich. Die Anzahl möglicher Konstruktionen ist daher beinahe unübersehbar und viel größer als beim traditionellen Zahlenlotto. Während dort nur 6 Zahlen miteinander kombiniert werden können, hat man bei Keno die Möglichkeit, wahlweise 2 bis 10 Zahlen zu tippen. Außerdem können Wunschzahlen aus einem riesigen Pool von 70 Zahlen ausgewählt werden. Die Kombinationsmöglichkeiten sind damit beinahe grenzlos. Unter praktischen Gesichtspunkten gibt es freilich starke, durchaus vernünftige Limitierungen.

Allein der hohe Einsatz, der für eine einzige Tippreihen zu entrichten ist – derzeit 1 Euro pro Tippreihe – verbietet das Spiel allzu umfangreicher Systeme. Möchte man ein System, wie es bei Keno ja möglich ist, an jedem Wochentag des Monats einsetzen, wäre der jeweilige Tageseinsatz noch mit etwa 25 zu multiplizieren. Wer beispielsweise mit Kenotyp 10 das Vollsystem für 14 Zahlen spielen möchte, müßte an jedem Tag nicht weniger als 1001 Tipps einsetzen bzw. einen entsprechenden Einsatz von über 1000 Euro leisten (siehe die Tabelle auf der nächsten Seite), was keinesfalls empfehlenswert ist, da auch und vor allem bei hohem Einsatz in der Regel mit Verlusten zu rechnen ist.

Vollsysteme bei Keno können also sehr schnell ins Geld gehen. Damit Systemfreunde dennoch eine größere Anzahl von Zahlen kombinieren können, wurde in diesem Buch eine Vielzahl reihensparender VEW-Systeme (VEW = Verkürzte Engere Wahl) zusammengestellt, die mit einem Bruchteil der Reihen des jeweiligen Vollsystems auskommen und auch für den kleineren Geldbeutel erschwinglich sind.

Dieses Buch ist daher eine Fundgrube für alle, die Keno reihensparend „mit System" spielen möchten. 64 der besten Konstruktion stehen zur Auswahl, alle davon mit ausführlicher Garantieberechnung. Im Mittelpunkt stehen die genannten VEW-Systeme, daneben die günstigsten der Vollsysteme. Alle Systeme wurden so kombiniert, dass über den gesamten Wahlbereich verteilt ein Maximum an Trefferleistung erzielt wird. Je nach Reihenaufwand werden kleinere oder größere Mindestgewinne garantiert.

Natürlich sollte jeder Systemfreund auch wissen, wie hoch der Einsatz für beliebig große Vollsysteme ist. Die folgende Tabelle zeigt Ihnen den Einsatz für alle Kenotypen bis zu einem Wahlzahlenbereich von 20 an. Unschwer zu erkennen: Je größer der Kenotyp, desto stärker explodiert der System-Einsatz. Bei Kenotyp 10 müssen Sie für 16 Zahlen bereits 8.008 Tippreihen einsetzen – zuviel selbst für finanzkräftige Spielgemeinschaften. Mit einem VEW-System dagegen können diese 16 Zahlen schon mit einem Einsatz ab 16 Tippreihen gespielt werden (siehe System 109). Die Chancen auf einen Hauptgewinn sind damit natürlich kleiner, doch zumindest untere Gewinnränge können fast ebenso leicht erreicht werden.

**Vollsysteme bei Keno**
**Anzahl benötigter Tippreihen bei verschiedenen Kenotypen**

| Wahl-Zahlen | Kenotypen | | | | | | | | |
|---|---|---|---|---|---|---|---|---|---|
| | 2 | 3 | 4 | 5 | 6 | 7 | 8 | 9 | 10 |
| 3 | 3 | 1 | - | - | - | - | - | - | - |
| 4 | 6 | 4 | 1 | - | - | - | - | - | - |
| 5 | 10 | 10 | 5 | 1 | - | - | - | - | - |
| 6 | 15 | 20 | 15 | 6 | 1 | - | - | - | - |
| 7 | 21 | 35 | 35 | 21 | 7 | 1 | - | - | - |
| 8 | 28 | 56 | 70 | 56 | 28 | 8 | 1 | - | - |
| 9 | 36 | 84 | 126 | 126 | 84 | 36 | 9 | 1 | - |
| 10 | 45 | 120 | 210 | 252 | 210 | 120 | 45 | 10 | 1 |
| 11 | 55 | 165 | 330 | 462 | 330 | 165 | 55 | 55 | 11 |
| 12 | 66 | 220 | 495 | 792 | 924 | 792 | 495 | 220 | 66 |
| 13 | 78 | 286 | 715 | 1.287 | 1.716 | 1.716 | 1.287 | 715 | 286 |
| 14 | 91 | 364 | 1.001 | 2.002 | 3.003 | 3.432 | 3.003 | 2.002 | 1.001 |
| 15 | 105 | 455 | 1.365 | 3.003 | 5.005 | 6.435 | 6.435 | 5.005 | 3.003 |
| 16 | 120 | 560 | 1.820 | 4.368 | 8.008 | 11.440 | 12.870 | 11.440 | 8.008 |
| 17 | 136 | 680 | 2.380 | 6.188 | 12.376 | 19.448 | 24.310 | 24.310 | 19.448 |
| 18 | 153 | 816 | 3.060 | 8.568 | 18.564 | 31.824 | 43.758 | 48.620 | 43.758 |
| 19 | 171 | 969 | 3.876 | 11.628 | 27.132 | 50.388 | 75.582 | 92.378 | 92.378 |
| 20 | 190 | 1.140 | 4.845 | 15.504 | 38.760 | 77.520 | 125.970 | 167.960 | 184.756 |

Ein weiteres Beispiel. Angenommen, Sie möchten ein 12-Zahlen-System mit Kenotyp 9 spielen. Da Ihnen das Vollsystem mit 220 Tippreihen zu teuer ist, suchen Sie nach einem günstigen VEW-System. Sie finden es in System Nr. 51 mit nur 4 Tippreihen. Obgleich die Chancen auf einen Haupttreffer damit um ein Vielfaches kleiner als mit dem Vollsystem sind, haben Sie bei 10 richtigen Gewinnzahlen dennoch eine Garantie auf mindestens 2 Achter (2.000 Euro) oder bei 11 Treffern sogar auf 9 Richtige, also auf einen Hauptgewinn von 50.000 Euro!

## Garantietabelle System Nr. 51
## 12 Zahlen in 4 Neunerreihen

| Treffer | 9 | 8 | 7 | 6 | 5 | Fälle | Prozent |
|---|---|---|---|---|---|---|---|
| 12 | 4 | - | - | - | - | 1 | 100.00 |
| 11 | 1 | 3 | - | - | - | 12 | 100.00 |
| 10 | 1 | - | 3 | - | - | 12 | 18.18 |
|    | - | 2 | 2 | - | - | 54 | 81.82 |
| 9  | 1 | - | - | 3 | - | 4 | 1.82 |
|    | - | 1 | 1 | 2 | - | 108 | 49.09 |
|    | - | - | 3 | 1 | - | 108 | 49.09 |
| 8  | - | 1 | - | 1 | 2 | 36 | 7.27 |
|    | - | - | 2 | - | 2 | 54 | 10.91 |
|    | - | - | 1 | 2 | 1 | 324 | 65.45 |
|    | - | - | - | 4 | - | 81 | 16.36 |
| 7  | - | - | 1 | 0-1 | 0-2 | 144 | 18.18 |
|    | - | - | - | 2 | 1 | 324 | 40.91 |
|    | - | - | - | 1 | 3 | 324 | 40.91 |
| 6  | - | - | - | 2 | - | 6 | 0.65 |
|    | - | - | - | 1 | 0-1 | 324 | 35.06 |
|    | - | - | - | - | 3 | 108 | 11.69 |
|    | - | - | - | - | 2 | 486 | 52.60 |
| 5  | - | - | - | - | 2 | 36 | 4.55 |
|    | - | - | - | - | 1 | 432 | 54.55 |
|    | - | - | - | - | - | 324 | 40.91 |

Selbst wenn nicht alle Systemzahlen richtig sind, kann mit diesem VEW-System für 12 Zahlen (Kenotyp 9) der Hauptgewinn erreicht werden. Bei 11 richtigen Gewinnzahlen ist er auf jeden Fall 100%ig sicher.

Für den allerdings sehr unwahrscheinlichen Fall von 12 Treffern haben Sie sogar eine Garantie auf 4 Hauptgewinne, also auf einen Gewinn von 200.000 Euro. Hierzu genügt, daß Sie jede Tippreihe mit 1 Euro Einsatz spielen (siehe nebenstehende Garantietabelle)!

### Taktik beim Systemspiel

Mit der Beschreibung dieses Sachverhalts haben wir zugleich eine grundlegende Eigenschaft des Systemspiels erkannt: Mit geeigneten Systemen kann es zu Gewinnhäufungen auch in der höchsten Gewinnklasse kommen! Diese können sich umso leichter ergeben, wenn das System möglichst dicht kombiniert ist bzw. wenn die Tippreihen des Systems einander sehr ähnlich sind. Bei sehr unähnlichen Reihen sind Gewinnhäufungen dagegen wenig wahrscheinlich. Dafür haben unähnliche Tippreihen wiederum den Vorteil, ein Maximum an Trefferwahrscheinlichkeit für einen *einzelnen* Hauptgewinn herauszuholen, diesen Gewinn also *überhaupt* zu treffen. Somit haben beide Systemtypen Vor- und Nachteile. Damit der interessierte Leser diesen Sachverhalt besser verstehen kann, noch ein kleines Beispiel.

Angenommen, Sie spielen zwei völlig verschiedene 8er-Tippreihen für Kenotyp 8:

Variante A: 1-2-3-4-5-6-7-8 und 9-10-11-12-13-14-15-16.

Die Wahrscheinlichkeit, mit Variante A einen Doppeltreffer zu holen, also 2 mal 8 Richtige und einen Gewinn von 20.000 Euro zu erzielen, ist vielmals (!) geringer als für die folgenden beiden, sehr ähnlichen 8er-Reihen der Variante B:

Variante B: 1-2-3-4-5-6-7-8 und 1-2-3-4-5-6-7-9.

Das mag manchem Kenofreund zwar nicht sofort einleuchten, aber der beschriebene, große Unterschied in der Trefferwahrscheinlichkeit beider Systemvarianten ist tatsächlich vorhanden. Mit ähnlichen Tippreihen können Sie bei Keno also eher Doppeltreffer erzielen als mit unähnlichen Reihen! Andererseits ist für Sie die Chance, mit unähnlichen Reihen überhaupt 8 Richtige zu treffen höher als bei ähnlichen Tippreihen. Nicht verschwiegend werden sollte in diesem Zusammenhang, daß Sie bei Keno auch ganz ohne System zu optimalen Trefferchancen kommen können[1]. Die Aufgabe des vorliegenden Buches ist es nun aber, die Treffereigenschaften verschiedener Kenosysteme anhand detaillierter Garantietabellen zu beschreiben.

**Das vorteilhafte 500.000-Euro-System**

Wie immens sich taktisch kluges Verhalten auf den Spielerfolg auswirken kann, mag auch das nächste Beispiel zeigen. Zu diesem Zweck vergleichen wir wieder zwei Spielvarianten.

Variante A:
Bei einem Einsatz von 10 Euro auf eine Tippreihe bei Kenotyp 10 können wir stolze 1 Million (1.000.000) Euro gewinnen, falls alle Zahlen richtig sind. Die Chance, daß uns dies gelingt, liegt bei 1 : 2.147.181, also bei etwa 1 zu 2 Millionen.

Variante B:
Wir können mit 10 Euro aber auch 10 Wahlzahlen mit dem Vollsystem 9 aus 10 bei Kenotyp 9 spielen (vergl. System Nr. 93), wenn wir für jede Tippreihe 1 Euro einsetzen. Die Chance, daß hier alle 10 Zahlen richtig sind, liegt natürlich ebenfalls bei rund 1 zu 2 Millionen. Zur besseren Veranschaulichung seien hier beide Spielvarianten in einer Grundform wiedergegeben.

10 Zahlen der Variante A mit Kenotyp 10: 2-5-8-20-25-30-32-36-40-48

10 Zahlen der Variante B mit Kenotyp 9:

2,5,8,20,25,30,32,36,40
2,5,8,20,25,30,32,36,48
2,5,8,20,25,30,32,40,48
2,5,8,20,25,30,36,40,48
2,5,8,20,25,32,36,40,48
2,5,8,20,30,32,36,40,48
2,5,8,25,30,32,36,40,48
2,5,20,25,30,32,36,40,48
2,8,20,25,30,32,36,40,48
5,8,20,25,30,32,36,40,48

---

[1] Weitergehende Erklärungen hierzu im Buch „Keno – Die Zahlenlotterie"

Damit wir die Chancen beider Varianten besser vergleichen können, sei hier noch die Garantietabelle der Variante B wiedergegeben:

| Treffer | 9er | 8er | 7er | 6er | 5er | 0er | Fälle | % Chance bei …Treffer | % Chance auf Treffer | Gewinn in Euro |
|---|---|---|---|---|---|---|---|---|---|---|
| 10 | 10 | - | - | - | - | - | 1 | 100.00 | 0,0000465 | 500.000 |
| 9 | 1 | 9 | - | - | - | - | 10 | 100.00 | 0,0021169 | 59.000 |
| 8 | - | 2 | 8 | - | - | - | 45 | 100.00 | 0,0388987 | 2.160 |
| 7 | - | - | 3 | 7 | - | - | 120 | 100.00 | 0,3830034 | 95 |
| 6 | - | - | - | 4 | 6 | - | 210 | 100.00 | 2,2501452 | 32 |
| 5 | - | - | - | - | 5 | - | 252 | 100.00 | 8,2805345 | 10 |
| 4 | - | - | - | - | - | - | 210 | 100.00 | 19,4075027 | 0 |
| 3 | - | - | - | - | - | - | 120 | 100.00 | 28,7035334 | 0 |
| 2 | - | - | - | - | - | - | 45 | 100.00 | 25,7135820 | 0 |
| 1 | - | - | - | - | - | 1 | 10 | 100.00 | 12,6312333 | 2 |
| 0 | - | - | - | - | - | 10 | 1 | 100.00 | 2,5894028 | 20 |

Aus dieser Tabelle ist klar ersichtlich, daß wir bei Variante B mit 10 richtigen Gewinnzahlen „nur" 500.000 Euro gewinnen können, bei Variante A hingegen das Doppelte, nämlich 1 Million. Ist Variante A deshalb besser?

Das Gegenteil ist der Fall! Halten wir uns vor Augen, daß es bei 10 Wahlzahlen 45,5 mal wahrscheinlicher ist, nur 9 Wahlzahlen zu treffen als alle 10, liegt der Vorteil klar bei Variante B[1]. Dann gewinnen wir nämlich mit Variante B immer noch 59.000 Euro, mit Variante A dagegen nur noch 10.000 Euro.

Oder anders formuliert: Mit Variante A gewinnt von 45 Spielern nur ein einziger die Million, die 44 anderen Spieler müssen sich mit 10.000 Euro begnügen. Hätten aber alle 45 Spieler Variante B gespielt, würde ein einziger von ihnen 500.000 Euro und alle 44 anderen immerhin 59.000 Euro gewinnen!

Das heißt: Mit Variante B verzichten wir auf den Maximalgewinn von 1 Million, begnügen uns vielmehr mit 500.000 Euro, gewinnen dafür aber im Gegenzug beim viel wahrscheinlicheren Fall von 9 Richtigen rund 6 mal mehr als mit Variante A. Wenn das kein Argument für Variante B ist!

Wie man sieht, kann man auch mit Kenosystemen klug und vorteilhaft umgehen. Es kann sich im Falle des Falles auszahlen, verschiedenartige Spielweisen miteinander zu vergleichen und dann die richtigen Entscheidungen zu treffen. Der interessierte Leser findet dafür in diesem Buch eine Fülle von Anregungen.

---

[1] Siehe Quoten- und Chancenplan S. 10

## Garantieleistungen

Aufgrund komplizierter mathematischer Verhältnisse lassen sich die Garantieleistungen der meisten Kenosysteme nur mit umfangreichen Tabellen beschreiben. Bitte haben Sie Verständnis, wenn diese Tabellen im Buch einen größeren Raum einnehmen. Es ist sicher auch in Ihrem eigenen Interesse, über die Leistung der Systeme genauer Bescheid zu wissen. Sehr wenig Platz benötigen Garantietabellen für Vollsysteme, da bei allen Gewinnpositionen immer nur 1 Gewinnfall möglich ist.

Weil es auch Spielgemeinschaften gibt, die gerne „Riesensysteme" spielen möchten, wurden in Band 2 dieser Buchreihe auch einige Konstruktionen mit besonders großem Wahlbereich, aber ohne Garantietabelle, aufgenommen. Exakte Garantieberechnungen würden für einige dieser Systeme selbst mit den schnellsten der heute verfügbaren Rechner einige Monate (!) in Anspruch nehmen. Auf die Angabe genauer Garantieleistungen mußte deshalb verzichtet werden. Der potentielle Anwender kann indessen gewiß sein, daß auch die Tippreihen dieser Großsysteme in optimaler Weise kombiniert worden sind. Bei vielen der in dieser Buchreihe vorgestellten Systeme wurde nicht nur die übliche prozentuale Garantieleistung errechnet, sondern auch noch gleich der zu erwartende genaue Gewinn.

Damit Sie alle Systemzahlen schnell und einfach in Ihre Wahlzahlen umwandeln können, wurde keine Mühe gescheut, die meisten Systeme in Form eines Abwicklungsschemas darzustellen. Die Kreuze sind hier neutrale Stellvertreter für Ihre persönlichen Wahlzahlen. Wenn Sie auf einem Papierstreifen von oben nach unten Ihre Wahlzahlen notieren und dann von links nach rechts über das Abwicklungsschema fahren, werden Ihre Tippreihen durch die Kreuze angezeigt. Die Umstellung eines Systems in Ihre Wunschzahlen dürfte damit schnell zu bewerkstelligen sein.

Haben Sie Ihr System einmal auf Tippscheinen fixiert, können Sie es immer wieder in der Annahmestelle abgeben. Das erspart Ihnen eine erneute Schreibarbeit. Bitte denken Sie nochmals daran, daß jedes der hier vorgestellten Systeme in Einzeltippreihen ausgeschrieben werden muß, da eine Kurzschreibweise bisher von den Lottogesellschaften nicht angeboten wird.

Und denken Sie bitte daran, daß Keno ein Glücksspiel ist. Und Glück läßt sich bekanntlich auch bei noch so kluger Vorgehensweise nicht erzwingen! Spielen Sie deshalb niemals über ihre Verhältnisse. Schon allein deshalb, weil das Spielen mit kleinen Einsätzen ebenso viel Spaß macht wie mit großen. Auch ist die Freude umso größer, wenn Fortuna Ihnen damit einen schönen Gewinn beschert.

Gilching, 2007

## DER KENO-GEWINNPLAN

| Kenotyp | Gewinn-Klasse | Richtige Zahlen | Gewinn bei 1 € Einsatz | Gewinn bei 2 € Einsatz | Gewinn bei 5 € Einsatz | Gewinn bei 10 € Einsatz |
|---|---|---|---|---|---|---|
| 10 | 10 | 10* | 100.000 | 200.000 | 500.000 | 1.000.000 |
|    | 9  | 9  | 1.000   | 2.000   | 5.000   | 10.000    |
|    | 8  | 8  | 100     | 200     | 500     | 1.000     |
|    | 7  | 7  | 15      | 30      | 75      | 150       |
|    | 6  | 6  | 5       | 10      | 25      | 50        |
|    | 5  | 5  | 2       | 4       | 10      | 20        |
|    | 0  | 0  | 2       | 4       | 10      | 20        |
| 9  | 9  | 9* | 50.000  | 100.000 | 250.000 | 500.000   |
|    | 8  | 8  | 1.000   | 2.000   | 5.000   | 10.000    |
|    | 7  | 7  | 20      | 40      | 100     | 200       |
|    | 6  | 6  | 5       | 10      | 25      | 50        |
|    | 5  | 5  | 2       | 4       | 10      | 20        |
|    | 0  | 0  | 2       | 4       | 10      | 20        |
| 8  | 8  | 8  | 10.000  | 20.000  | 50.000  | 100.000   |
|    | 7  | 7  | 100     | 200     | 500     | 1.000     |
|    | 6  | 6  | 15      | 30      | 75      | 150       |
|    | 5  | 5  | 2       | 4       | 10      | 20        |
|    | 4  | 4  | 1       | 2       | 5       | 10        |
|    | 0  | 0  | 1       | 2       | 5       | 10        |
| 7  | 7  | 7  | 1.000   | 2.000   | 5.000   | 10.000    |
|    | 6  | 6  | 100     | 200     | 500     | 1.000     |
|    | 5  | 5  | 12      | 24      | 60      | 120       |
|    | 4  | 4  | 4       | 2       | 5       | 10        |
| 6  | 6  | 6  | 500     | 1.000   | 2.500   | 5.000     |
|    | 5  | 5  | 15      | 30      | 75      | 150       |
|    | 4  | 4  | 2       | 4       | 10      | 20        |
|    | 3  | 3  | 1       | 2       | 5       | 10        |
| 5  | 5  | 5  | 100     | 200     | 500     | 1.000     |
|    | 4  | 4  | 7       | 14      | 35      | 70        |
|    | 3  | 3  | 2       | 4       | 10      | 20        |
| 4  | 4  | 4  | 22      | 44      | 110     | 220       |
|    | 3  | 3  | 2       | 4       | 10      | 20        |
|    | 2  | 2  | 1       | 2       | 5       | 10        |
| 3  | 3  | 3  | 16      | 32      | 80      | 160       |
|    | 2  | 2  | 1       | 2       | 5       | 10        |
| 2  | 2  | 2  | 6       | 12      | 30      | 60        |

Was kann mit den 9 verschiedenen Kenotypen gewonnen werden? Hier sind die Zahlen des amtlichen Gewinnplans.

## KENO Quoten- und Chancen-Plan

| Kenotyp | Gewinn-Klasse | Richtige Zahlen | Keno-Quote | Faire Quote | Trefferchance |
|---|---|---|---|---|---|
| 10 | 10 | 10 | 100.000 | 306.740,1 | 1: 2.147.181 |
|    | 9  | 9  | 1.000   | 6.748,28  | 1: 47.238 |
|    | 8  | 8  | 100     | 367,25    | 1: 2.571 |
|    | 7  | 7  | 15      | 37,30     | 1: 261,09 |
|    | 6  | 6  | 5       | 6,35      | 1: 44,44 |
|    | 5  | 5  | 2       | 1,73      | 1: 12,07 |
|    | 0  | 0  | 2       | 5,52      | 1: 38,61 |
| 9  | 9  | 9  | 50.000  | 64.532,75 | 1: 387.197 |
|    | 8  | 8  | 1.000   | 1.720,87  | 1: 10.326 |
|    | 7  | 7  | 20      | 114,14    | 1: 684,83 |
|    | 6  | 6  | 5       | 14,27     | 1: 85,60 |
|    | 5  | 5  | 2       | 3,04      | 1: 18,21 |
|    | 0  | 0  | 2       | 4,33      | 1: 25,95 |
| 8  | 8  | 8  | 10.000  | 12.490,21 | 1: 74.942 |
|    | 7  | 7  | 100     | 405,93    | 1: 2.436 |
|    | 6  | 6  | 15      | 33,14     | 1: 198,82 |
|    | 5  | 5  | 2       | 5,18      | 1: 31,06 |
|    | 4  | 4  | 1       | 1,41      | 1: 8,46 |
|    | 0  | 0  | 1       | 2,93      | 1: 17,58 |
| 7  | 7  | 7  | 1.000   | 3.866,02  | 1: 15.465 |
|    | 6  | 6  | 100     | 154,64    | 1: 618,56 |
|    | 5  | 5  | 12      | 15,78     | 1: 63,11 |
|    | 4  | 4  | 4       | 3,16      | 1: 12,62 |
| 6  | 6  | 6  | 500     | 845,69    | 1: 3.383 |
|    | 5  | 5  | 15      | 42,28     | 1: 169,13 |
|    | 4  | 4  | 2       | 5,52      | 1: 22,09 |
|    | 3  | 3  | 1       | 1,47      | 1: 5,86 |
| 5  | 5  | 5  | 100     | 260,21    | 1: 780,63 |
|    | 4  | 4  | 7       | 16,65     | 1: 49,96 |
|    | 3  | 3  | 2       | 2,89      | 1: 8,66 |
| 4  | 4  | 4  | 22      | 63,08     | 1: 189,24 |
|    | 3  | 3  | 2       | 5,36      | 1: 16,08 |
|    | 2  | 2  | 1       | 1,31      | 1: 3,93 |
| 3  | 3  | 3  | 16      | 24,01     | 1: 48,01 |
|    | 2  | 2  | 1       | 2,88      | 1: 5,76 |
| 2  | 2  | 2  | 6       | 12,71     | 1: 12,71 |

Diese Tabelle ist eine wichtige Ergänzung des amtlichen Gewinnplans, da Sie Ihnen die genauen mathematischen Gewinnchancen der unterschiedlichen Kenotypen aufzeigt. Nebenbei erhalten Sie auch noch einen Vergleich der mathematisch fairen Quote mit der tatsächlichen Keno-Quote. Klar erkennbar: 10 Richtige bei Kenotyp 10 werden stark unterzahlt (statt bei 100.000 müsste die Quote bei 306.740 liegen), während die Quoten für 8 und 9 Richtige bei den Kenotypen 8 und 9 annähernd mathematisch fair sind.

## Systemverzeichnis

| System Nr. | Wahlbereich | Anzahl der Tipps | Kenotyp | Garantie-berechnung | Seite |
|---|---|---|---|---|---|
| 1 | 4 | 4 | 3 | ✓ | 16 |
| 2 | 5 | 10 | 3 | ✓ | 16 |
| 3 | 6 | 20 | 3 | ✓ | 17 |
| 4 | 7 | 35 | 3 | ✓ | 17 |
| 5 | 7 | 7 | 3 | ✓ | 18 |
| 6 | 9 | 12 | 3 | ✓ | 19 |
| 7 | 12 | 24 | 3 | ✓ | 20 |
| 8 | 15 | 35 | 3 | ✓ | 22 |
| 9 | 5 | 5 | 4 | ✓ | 24 |
| 10 | 6 | 15 | 4 | ✓ | 24 |
| 11 | 7 | 35 | 4 | ✓ | 25 |
| 12 | 8 | 10 | 4 | ✓ | 26 |
| 13 | 8 | 14 | 4 | ✓ | 27 |
| 14 | 9 | 18 | 4 | ✓ | 28 |
| 15 | 10 | 15 | 4 | ✓ | 29 |
| 16 | 10 | 30 | 4 | ✓ | 30 |
| 17 | 6 | 5 | 5 | ✓ | 32 |
| 18 | 7 | 21 | 5 | ✓ | 32 |
| 19 | 8 | 56 | 5 | ✓ | 33 |
| 20 | 8 | 8 | 5 | ✓ | 34 |
| 21 | 10 | 12 | 5 | ✓ | 35 |
| 22 | 10 | 18 | 5 | ✓ | 36 |
| 23 | 10 | 36 | 5 | ✓ | 37 |
| 24 | 11 | 55 | 5 | ✓ | 38 |
| 25 | 7 | 6 | 6 | ✓ | 41 |
| 26 | 8 | 28 | 6 | ✓ | 41 |
| 27 | 9 | 84 | 6 | ✓ | 42 |
| 28 | 8 | 4 | 6 | ✓ | 43 |
| 29 | 8 | 12 | 6 | ✓ | 44 |
| 30 | 9 | 12 | 6 | ✓ | 45 |
| 31 | 9 | 30 | 6 | ✓ | 46 |
| 32 | 10 | 10 | 6 | ✓ | 47 |
| 33 | 8 | 8 | 7 | ✓ | 49 |
| 34 | 9 | 36 | 7 | ✓ | 49 |
| 35 | 10 | 10 | 7 | ✓ | 50 |
| 36 | 10 | 13 | 7 | ✓ | 51 |
| 37 | 10 | 30 | 7 | ✓ | 52 |
| 38 | 11 | 44 | 7 | ✓ | 53 |
| 39 | 12 | 12 | 7 | ✓ | 55 |
| 40 | 12 | 132 | 7 | ✓ | 56 |

| System Nr. | Wahlbereich | Anzahl der Reihen | Kenotyp | Garantieberechnung | Seite |
|---|---|---|---|---|---|
| 41 | 9 | 9 | 8 | ✓ | 59 |
| 42 | 10 | 45 | 8 | ✓ | 60 |
| 43 | 12 | 6 | 8 | ✓ | 61 |
| 44 | 12 | 15 | 8 | ✓ | 62 |
| 45 | 14 | 21 | 8 | ✓ | 63 |
| 46 | 15 | 15 | 8 | ✓ | 65 |
| 47 | 16 | 6 | 8 | ✓ | 66 |
| 48 | 16 | 150 | 8 | ✓ | 67 |
| 49 | 10 | 10 | 9 | ✓ | 71 |
| 50 | 11 | 55 | 9 | ✓ | 72 |
| 51 | 12 | 4 | 9 | ✓ | 73 |
| 52 | 12 | 16 | 9 | ✓ | 74 |
| 53 | 15 | 10 | 9 | ✓ | 75 |
| 54 | 16 | 160 | 9 | ✓ | 76 |
| 55 | 18 | 26 | 9 | ✓ | 79 |
| 56 | 21 | 35 | 9 | ✓ | 81 |
| 57 | 11 | 11 | 10 | ✓ | 84 |
| 58 | 12 | 55 | 10 | ✓ | 85 |
| 59 | 12 | 6 | 10 | ✓ | 86 |
| 60 | 14 | 21 | 10 | ✓ | 87 |
| 61 | 14 | 77 | 10 | ✓ | 88 |
| 62 | 15 | 6 | 10 | ✓ | 90 |
| 63 | 15 | 33 | 10 | ✓ | 91 |
| 64 | 16 | 16 | 10 | ✓ | 92 |

Hinweis: In Band 1 werden für jeden Kenotypen 8 Konstruktionen vorgestellt.

# Systeme für Kenotyp 3

## System 1

**4 Zahlen in 4 Dreierreihen (Vollsystem)**
Einsatz: ab 4 Euro

|   | 1 | 2 | 3 | 4 |
|---|---|---|---|---|
| 1 | X | X | X |   |
| 2 | X | X |   | X |
| 3 | X |   | X | X |
| 4 |   | X | X | X |

Garantietabelle System 1

| Treffer | 3 Richtige | 2 Richtige | Fälle | Prozent | Gewinn € |
|---|---|---|---|---|---|
| 4 | 4 | - | 1 | 100.00 | 48 |
| 3 | 1 | 3 | 4 | 100.00 | 19 |
| 2 | - | 2 | 6 | 100.00 | 2 |

## System 2

**5 Zahlen in 10 Dreierreihen (Vollsystem)**
Einsatz: ab 10 Euro

|   | 1 | 2 | 3 | 4 | 5 | 6 | 7 | 8 | 9 | 10 |
|---|---|---|---|---|---|---|---|---|---|----|
| 1 | X | X | X | X | X |   |   |   |   |    |
| 2 | X | X | X |   |   | X | X | X |   |    |
| 3 | X |   |   | X | X |   | X | X |   | X  |
| 4 |   | X |   | X |   | X | X |   | X | X  |
| 5 |   |   | X |   | X | X |   | X | X | X  |

Garantietabelle System 2

| Treffer | 3 Richtige | 2 Richtige | Fälle | Prozent | Gewinn € |
|---|---|---|---|---|---|
| 5 | 10 | - | 1 | 100.00 | 160 |
| 4 | 4 | 6 | 5 | 100.00 | 70 |
| 3 | 1 | 6 | 10 | 100.00 | 22 |
| 2 | - | 3 | 10 | 100.00 | 3 |

## System 3

### 6 Zahlen in 20 Dreierreihen (Vollsystem)
### Einsatz: ab 20 Euro

|   | 1 | 2 | 3 | 4 | 5 | 6 | 7 | 8 | 9 | 10 | 11 | 12 | 13 | 14 | 15 | 16 | 17 | 18 | 19 | 20 |
|---|---|---|---|---|---|---|---|---|---|----|----|----|----|----|----|----|----|----|----|----|
| 1 | X | X | X | X | X | X | X | X | X |    |    |    |    |    |    |    |    |    |    |    |
| 2 | X | X | X | X |   |   |   |   |   | X  | X  | X  | X  | X  |    |    |    |    |    |    |
| 3 | X |   |   |   | X | X | X |   |   | X  | X  | X  |    |    |    | X  | X  | X  |    |    |
| 4 |   | X |   |   | X |   |   | X | X |    | X  |    |    | X  | X  |    | X  | X  |    | X  |
| 5 |   |   | X |   |   | X |   | X |   | X  |    |    | X  |    | X  | X  |    | X  | X  |    |
| 6 |   |   |   | X |   |   | X | X | X |    |    |    | X  |    | X  | X  |    | X  | X  | X  |

### Garantietabelle System 3

| Treffer | 3 Richtige | 2 Richtige | Fälle | Prozent | Gewinn € |
|---|---|---|---|---|---|
| 6 | 20 | - | 1 | 100.00 | 320 |
| 5 | 10 | 10 | 6 | 100.00 | 170 |
| 4 | 4 | 12 | 15 | 100.00 | 76 |
| 3 | 1 | 9 | 20 | 100.00 | 25 |
| 2 | - | 4 | 15 | 100.00 | 4 |

## System 4

### 7 Zahlen in 35 Dreierreihen (Vollsystem)
### Einsatz: ab 35 Euro

|   | 1 | 2 | 3 | 4 | 5 | 6 | 7 | 8 | 9 | 10 | 11 | 12 | 13 | 14 | 15 | 16 | 17 | 18 | 19 | 20 | 21 | 22 | 23 | 24 | 25 | 26 | 27 | 28 | 29 | 30 | 31 | 32 | 33 | 34 | 35 |
|---|---|---|---|---|---|---|---|---|---|---|---|---|---|---|---|---|---|---|---|---|---|---|---|---|---|---|---|---|---|---|---|---|---|---|---|
| 1 | X | X | X | X | X | X | X | X | X | X | X | X | X | X | X |   |   |   |   |   |   |   |   |   |   |   |   |   |   |   |   |   |   |   |   |
| 2 | X | X | X | X |   |   |   |   |   |   |   |   |   |   |   | X | X | X | X | X | X | X | X | X |   |   |   |   |   |   |   |   |   |   |   |
| 3 | X |   |   |   | X | X | X | X |   |   |   |   |   |   |   | X | X | X | X |   |   |   |   |   |   | X | X | X | X | X | X |   |   |   |   |
| 4 |   | X |   |   | X |   |   |   | X | X | X |   |   |   |   | X |   |   |   | X | X | X |   |   |   | X | X | X |   |   |   | X | X | X |   |
| 5 |   |   | X |   |   | X |   |   | X |   |   | X | X |   |   |   | X |   |   | X |   |   | X | X |   | X |   |   | X | X |   | X | X |   | X |
| 6 |   |   |   | X |   |   | X |   |   | X |   | X |   | X |   |   |   | X |   |   | X |   | X |   | X |   | X |   | X |   | X | X |   | X | X |
| 7 |   |   |   |   |   |   |   | X |   |   | X |   | X |   | X |   |   |   | X | X |   | X |   | X | X |   |   | X |   | X | X |   | X | X | X |

Garantietabelle System 4

| Treffer | 3 Richtige | 2 Richtige | Fälle | Prozent | Gewinn € |
|---|---|---|---|---|---|
| 7 | 35 | 0 | 1 | 100.00 | 560 |
| 6 | 20 | 15 | 7 | 100.00 | 335 |
| 5 | 10 | 20 | 21 | 100.00 | 180 |
| 4 | 4 | 18 | 35 | 100.00 | 82 |
| 3 | 1 | 12 | 35 | 100.00 | 28 |
| 2 | - | 5 | 21 | 100.00 | 5 |

## System 5

### 7 Zahlen in 7 Dreierreihen (VEW-System)
### Einsatz: ab 7 Euro

|   | 1 | 2 | 3 | 4 | 5 | 6 | 7 |
|---|---|---|---|---|---|---|---|
| 1 | X | X | X |   |   |   |   |
| 2 | X |   |   | X | X |   |   |
| 3 |   | X |   | X |   | X |   |
| 4 | X |   |   |   |   | X | X |
| 5 |   |   | X | X |   |   | X |
| 6 |   | X |   |   | X | X |   |
| 7 |   | X |   |   | X |   | X |

Garantietabelle System 5

| Treffer | 3 Richtige | 2 Richtige | Fälle | Prozent | Gewinn € |
|---|---|---|---|---|---|
| 7 | 7 | - | 1 | 100.00 | 112 |
| 6 | 4 | 3 | 7 | 100.00 | 67 |
| 5 | 2 | 4 | 21 | 100.00 | 36 |
| 4 | 1 | 3 | 28 | 80.00 | 19 |
|   | - | 6 | 7 | 20.00 | 6 |
| 3 | 1 | - | 7 | 20.00 | 16 |
|   | - | 3 | 28 | 80.00 | 3 |
| 2 | - | 1 | 21 | 100.00 | 1 |

Mit diesem System gibt es ab 2 Treffern eine Rückzahlung und ab 4 Treffern überwiegend einen Überschuß. Bei 7 Treffern ist jede Tippreihe ein Volltreffer. Maximaler Gewinn: Das 112-fache eines Tippreiheneinsatzes.

# System 6

## 9 Zahlen in 12 Dreierreihen (VEW-System)
Einsatz: ab12 Euro

|   | 1 | 2 | 3 | 4 | 5 | 6 | 7 | 8 | 9 | 10 | 11 | 12 |
|---|---|---|---|---|---|---|---|---|---|----|----|----|
| 1 | X | X | X |   |   |   |   |   |   |    |    |    |
| 2 | X |   |   |   | X | X | X |   |   |    |    |    |
| 3 | X |   |   |   |   |   |   | X | X | X  |    |    |
| 4 |   | X |   |   | X |   |   | X |   |    | X  |    |
| 5 |   |   | X |   |   | X |   |   | X |    | X  |    |
| 6 |   |   |   | X |   |   | X |   |   | X  | X  |    |
| 7 |   | X |   |   |   |   | X |   | X |    |    | X  |
| 8 |   |   |   | X | X |   |   | X |   |    |    | X  |
| 9 |   |   | X |   | X |   |   |   |   | X  |    | X  |

## Garantietabelle System 6

| Treffer | 3 Richtige | 2 Richtige | Fälle | Prozent | Gewinn € |
|---------|------------|------------|-------|---------|----------|
| 9 | 12 | - | 1 | 100.00 | 192 |
| 8 | 8 | 4 | 9 | 100.00 | 132 |
| 7 | 5 | 6 | 36 | 100.00 | 86 |
| 6 | 3 | 6 | 72 | 85.71 | 54 |
|   | 2 | 9 | 12 | 14.29 | 41 |
| 5 | 2 | 4 | 54 | 42.86 | 36 |
|   | 1 | 7 | 72 | 57.14 | 23 |
| 4 | 1 | 3 | 72 | 57.14 | 19 |
|   | - | 6 | 54 | 42.86 | 6 |
| 3 | 1 | - | 12 | 14.29 | 16 |
|   | - | 3 | 72 | 85.71 | 3 |
| 2 | - | 1 | 36 | 100.00 | 1 |

# System 7

12 Zahlen in 24 Dreierreihen (VEW-System)
Einsatz: ab 24 Euro

|    | 1 | 2 | 3 | 4 | 5 | 6 | 7 | 8 | 9 | 10 | 11 | 12 | 13 | 14 | 15 | 16 | 17 | 18 | 19 | 20 | 21 | 22 | 23 | 24 |
|----|---|---|---|---|---|---|---|---|---|----|----|----|----|----|----|----|----|----|----|----|----|----|----|----|
| 1  | X | X | X | X | X | X |   |   |   |    |    |    |    |    |    |    |    |    |    |    |    |    |    |    |
| 2  |   |   | X | X |   | X | X | X | X |    |    |    |    |    |    |    |    |    |    |    |    |    |    |    |
| 3  |   |   | X |   |   |   | X |   |   | X  | X  | X  | X  |    |    |    |    |    |    |    |    |    |    |    |
| 4  | X |   |   |   |   |   |   | X |   |    | X  |    |    |    | X  | X  | X  |    |    |    |    |    |    |    |
| 5  |   |   | X |   |   | X |   |   |   |    |    |    |    |    | X  | X  |    | X  | X  |    |    |    |    |    |
| 6  |   |   |   |   |   | X |   |   | X |    | X  |    | X  |    |    |    |    |    | X  | X  |    |    |    |    |
| 7  | X |   |   |   |   | X |   |   |   |    |    |    |    | X  |    |    |    |    |    | X  | X  | X  |    |    |
| 8  |   | X |   |   |   |   |   | X | X |    |    |    |    |    |    | X  |    |    |    |    | X  | X  |    |    |
| 9  |   |   |   |   | X |   |   |   | X |    |    |    |    | X  |    |    | X  | X  |    |    |    | X  |    |    |
| 10 |   | X |   |   |   | X |   |   |   |    |    |    | X  |    |    |    |    |    | X  |    |    |    | X  | X  |
| 11 |   |   | X |   |   |   |   |   |   |    | X  |    |    |    |    |    |    | X  |    |    | X  |    | X  | X  |
| 12 |   |   |   | X |   |   |   |   |   |    |    |    | X  |    |    | X  | X  |    |    |    | X  |    |    | X  |

## Garantietabelle System Nr. 7

| Treffer | 3 | 2 | Fälle | Prozent | Gewinn € |
|---|---|---|---|---|---|
| 12 | 24 | - | 1 | 100.00 | 384 |
| 11 | 18 | 6 | 12 | 100.00 | 294 |
| 10 | 14 | 8 | 6 | 9.09 | 232 |
|  | 13 | 10 | 60 | 90.91 | 218 |
| 9 | 10 | 10 | 48 | 21.82 | 170 |
|  | 9 | 13 | 12 | 5.45 | 157 |
|  | 9 | 12 | 148 | 67.27 | 156 |
|  | 8 | 15 | 12 | 5.45 | 143 |
| 8 | 8 | 8 | 5 | 1.01 | 136 |
|  | 7 | 11 | 8 | 1.62 | 123 |
|  | 7 | 10 | 112 | 22.63 | 122 |
|  | 6 | 14 | 2 | 0.40 | 110 |
|  | 6 | 13 | 124 | 25.05 | 109 |
|  | 6 | 12 | 168 | 33.94 | 108 |
|  | 5 | 16 | 4 | 0.81 | 96 |
|  | 5 | 15 | 72 | 14.55 | 95 |
| 7 | 6 | 6 | 7 | 0.88 | 102 |
|  | 5 | 9 | 53 | 6.69 | 89 |
|  | 5 | 8 | 63 | 7.95 | 88 |
|  | 4 | 12 | 53 | 6.69 | 76 |
|  | 4 | 11 | 295 | 37.25 | 75 |
|  | 4 | 10 | 66 | 8.33 | 74 |
|  | 3 | 15 | 7 | 0.88 | 63 |
|  | 3 | 14 | 121 | 15.28 | 62 |
|  | 3 | 13 | 108 | 13.64 | 61 |
|  | 2 | 17 | 1 | 0.13 | 49 |
|  | 2 | 16 | 18 | 2.27 | 48 |
| 6 | 5 | 3 | 1 | 0.11 | 83 |
|  | 4 | 6 | 4 | 0.43 | 70 |
|  | 4 | 5 | 17 | 1.84 | 69 |
|  | 4 | 4 | 2 | 0.22 | 68 |
|  | 3 | 9 | 10 | 1.08 | 57 |
|  | 3 | 8 | 163 | 17.64 | 56 |
|  | 3 | 7 | 98 | 10.61 | 55 |
|  | 3 | 6 | 3 | 0.32 | 54 |
|  | 2 | 12 | 4 | 0.43 | 44 |
|  | 2 | 11 | 163 | 17.64 | 43 |
|  | 2 | 10 | 280 | 30.30 | 42 |
|  | 2 | 9 | 29 | 3.14 | 41 |
|  | 1 | 15 | 1 | 0.11 | 31 |
|  | 1 | 14 | 17 | 1.84 | 30 |
|  | 1 | 13 | 98 | 10.61 | 29 |
|  | 1 | 12 | 29 | 3.14 | 28 |
|  | - | 16 | 2 | 0.22 | 16 |
|  | - | 15 | 3 | 0.32 | 15 |

| Treffer | 3 | 2 | Fälle | Prozent | Gewinn € |
|---|---|---|---|---|---|
| 5 | 3 | 3 | 7 | 0.88 | 51 |
|  | 3 | 2 | 1 | 0.13 | 50 |
|  | 2 | 6 | 53 | 6.69 | 38 |
|  | 2 | 5 | 121 | 15.28 | 37 |
|  | 2 | 4 | 18 | 2.27 | 36 |
|  | 1 | 9 | 53 | 6.69 | 25 |
|  | 1 | 8 | 295 | 37.25 | 24 |
|  | 1 | 7 | 108 | 13.64 | 23 |
|  | - | 12 | 7 | 0.88 | 12 |
|  | - | 11 | 63 | 7.95 | 11 |
|  | - | 10 | 66 | 8.33 | 10 |
| 4 | 2 | 2 | 2 | 0.40 | 34 |
|  | 2 | 1 | 4 | 0.81 | 33 |
|  | 1 | 5 | 8 | 1.62 | 21 |
|  | 1 | 4 | 124 | 25.05 | 20 |
|  | 1 | 3 | 72 | 14.55 | 19 |
|  | - | 8 | 5 | 1.01 | 8 |
|  | - | 7 | 112 | 22.63 | 7 |
|  | - | 6 | 168 | 33.94 | 6 |
| 3 | 1 | 1 | 12 | 5.45 | 17 |
|  | 1 | - | 12 | 5.45 | 16 |
|  | - | 4 | 48 | 21.82 | 4 |
|  | - | 3 | 148 | 67.27 | 3 |
| 2 | - | 2 | 6 | 9.09 | 2 |
|  | - | 1 | 60 | 90.91 | 1 |

## System 8

### 15 Zahlen in 35 Dreierreihen (VEW-System)
### Einsatz: ab 35 Euro

|    | 1 | 2 | 3 | 4 | 5 | 6 | 7 | 8 | 9 | 10 | 11 | 12 | 13 | 14 | 15 | 16 | 17 | 18 | 19 | 20 | 21 | 22 | 23 | 24 | 25 | 26 | 27 | 28 | 29 | 30 | 31 | 32 | 33 | 34 | 35 |
|----|---|---|---|---|---|---|---|---|---|----|----|----|----|----|----|----|----|----|----|----|----|----|----|----|----|----|----|----|----|----|----|----|----|----|----|
| 1  | X | X | X | X | X | X | X |   |   |    |    |    |    |    |    |    |    |    |    |    |    |    |    |    |    |    |    |    |    |    |    |    |    |    |    |
| 2  | X |   |   |   |   |   |   | X | X | X  | X  | X  |    |    |    |    |    |    |    |    |    |    |    |    |    |    |    |    |    |    |    |    |    |    |    |
| 3  | X |   |   |   |   |   |   |   |   |    |    |    | X  | X  | X  | X  | X  |    |    |    |    |    |    |    |    |    |    |    |    |    |    |    |    |    |    |
| 4  |   | X |   |   | X |   |   |   |   | X  |    |    |    |    | X  |    |    | X  | X  | X  | X  |    |    |    |    |    |    |    |    |    |    |    |    |    |    |
| 5  |   | X |   |   |   | X |   |   |   |    | X  |    |    |    |    | X  |    |    |    |    |    | X  | X  | X  | X  |    |    |    |    |    |    |    |    |    |    |
| 6  |   |   | X |   |   | X |   |   |   |    | X  |    |    |    |    | X  |    |    |    |    |    |    |    |    |    | X  | X  | X  | X  |    |    |    |    |    |    |
| 7  |   |   | X |   |   |   | X |   |   |    |    |    | X  |    |    |    | X  |    |    |    |    |    |    |    |    |    |    |    |    | X  | X  | X  | X  |    |    |
| 8  |   |   |   | X |   |   |   | X |   |    |    |    | X  |    |    |    |    | X  |    |    |    | X  |    |    |    | X  |    |    |    | X  |    |    |    |    |    |
| 9  |   |   |   | X |   |   |   | X |   |    |    |    |    |    |    |    |    |    | X |    |    |    | X  |    |    |    | X  |    |    |    | X  |    |    |    |    |
| 10 |   |   |   |   | X |   |   |   | X |    |    |    |    |    |    |    |    |    |    | X  |    |    |    | X  |    |    |    | X  |    |    |    | X  |    |    |    |
| 11 |   |   |   |   | X |   |   |   |   | X  |    |    |    | X  |    |    |    |    |    |    | X  |    |    |    | X  |    |    |    | X  |    |    |    |    |    | X |
| 12 |   |   |   |   |   |   | X |   | X |    |    |    |    | X |    |    |    |    |    | X  |    | X  |    |    |    |    |    | X  |    |    |    | X  |    |    | X |
| 13 |   |   |   |   |   |   | X |   |   | X  |    |    |    |    | X |    |    |    |    | X  |    |    | X  |    |    | X  |    |    |    |    |    | X  |    | X  |    |
| 14 |   |   |   |   |   | X |   |   |   |    |    | X |    |    |    |    |    |    |    |    | X  |    | X  |    |    |    | X  | X |    |    |    |    |    | X  |    |
| 15 |   |   |   |   |   | X |   |   |   |    |    |    | X |    |    |    |    |    | X |    |    |    |    | X  |    |    |    |    | X |    |    | X  |    |    | X |

### Garantietabelle System 8

| Treffer | 3 | 2 | Fälle | Prozent | Gewinn € |
|---------|---|---|-------|---------|----------|
| 15 | 35 | - | 1 | 100.00 | 560 |
| 14 | 28 | 7 | 15 | 100.00 | 455 |
| 13 | 22 | 12 | 105 | 100.00 | 364 |
| 12 | 17 | 15 | 420 | 92.31 | 287 |
|    | 16 | 18 | 35 | 7.69 | 274 |
| 11 | 13 | 16 | 945 | 69.23 | 224 |
|    | 12 | 19 | 420 | 30.77 | 211 |
| 10 | 10 | 15 | 1008 | 33.57 | 175 |
|    | 9 | 18 | 1680 | 55.94 | 162 |
|    | 8 | 21 | 315 | 10.49 | 149 |
| 9 | 8 | 12 | 420 | 8.39 | 140 |
|   | 7 | 15 | 1680 | 33.57 | 127 |
|   | 6 | 18 | 2800 | 55.94 | 114 |
|   | 4 | 24 | 105 | 2.10 | 88 |
| 8 | 7 | 7 | 120 | 1.86 | 119 |
|   | 5 | 13 | 2520 | 39.16 | 93 |
|   | 4 | 16 | 2940 | 45.69 | 80 |
|   | 3 | 19 | 840 | 13.05 | 67 |
|   | - | 28 | 15 | 0.23 | 28 |
| 7 | 7 | - | 15 | 0.23 | 112 |
|   | 4 | 9 | 840 | 13.05 | 73 |
|   | 3 | 12 | 2940 | 45.69 | 60 |
|   | 2 | 15 | 2520 | 39.16 | 47 |
|   | - | 21 | 120 | 1.86 | 21 |

| Treffer | 3 | 2 | Fälle | Prozent | Gewinn € |
|---------|---|---|-------|---------|----------|
| 6 | 4 | 3 | 105 | 2.10 | 67 |
|   | 2 | 9 | 2800 | 55.94 | 41 |
|   | 1 | 12 | 1680 | 33.57 | 28 |
|   | - | 15 | 420 | 8.39 | 15 |
| 5 | 2 | 4 | 315 | 10.49 | 36 |
|   | 1 | 7 | 1680 | 55.94 | 23 |
|   | - | 10 | 1008 | 33.57 | 10 |
| 4 | 1 | 3 | 420 | 30.77 | 19 |
|   | - | 6 | 945 | 69.23 | 6 |
| 3 | 1 | - | 35 | 7.69 | 16 |
|   | - | 3 | 420 | 92.31 | 3 |
| 2 | - | 1 | 105 | 100.00 | 1 |

# Systeme für
# Kenotyp 4

## System 9

**5 Zahlen in 5 Viererreihen (Vollsystem)**
**Einsatz: ab 5 Euro**

|   | 1 | 2 | 3 | 4 | 5 |
|---|---|---|---|---|---|
| 1 | X | X | X | X |   |
| 2 | X | X | X |   | X |
| 3 | X | X |   | X | X |
| 4 | X |   | X | X | X |
| 5 |   | X | X | X | X |

Garantietabelle System 9

| Treffer | 4 | 3 | 2 | Fälle | Prozent | Gewinn |
|---|---|---|---|---|---|---|
| 5 | 5 | - | - | 1 | 100.00 | 110 |
| 4 | 1 | 4 | - | 5 | 100.00 | 30 |
| 3 | - | 2 | 3 | 10 | 100.00 | 7 |
| 2 | - | - | 3 | 10 | 100.00 | 3 |

## System 10

**6 Zahlen in 15 Viererreihen (Vollsystem)**
**Einsatz: ab 15 Euro**

|   | 1 | 2 | 3 | 4 | 5 | 6 | 7 | 8 | 9 | 10 | 11 | 12 | 13 | 14 | 15 |
|---|---|---|---|---|---|---|---|---|---|----|----|----|----|----|----|
| 1 | X | X | X | X | X | X | X | X |   |    |    |    |    |    |    |
| 2 | X | X | X | X | X |   |   |   |   |    | X  | X  | X  |    |    |
| 3 | X | X | X |   |   | X | X | X |   |    | X  | X  |    |    | X  |
| 4 | X |   |   | X | X |   | X | X |   |    | X  | X  |    | X  | X  |
| 5 |   | X |   | X |   | X | X |   | X | X  |    |    | X  | X  | X  |
| 6 |   |   | X |   | X | X |   | X | X | X  |    | X  | X  | X  |    |

Garantietabelle System 10

| Treffer | 4 Richtige | 3 Richtige | 2 Richtige | Fälle | Prozent | Gewinn |
|---|---|---|---|---|---|---|
| 6 | 15 | - | - | 1 | 100.00 | 330 |
| 5 | 5 | 10 | - | 6 | 100.00 | 130 |
| 4 | 1 | 8 | 6 | 15 | 100.00 | 44 |
| 3 | - | 3 | 9 | 20 | 100.00 | 15 |
| 2 | - | - | 6 | 15 | 100.00 | 6 |

# System 11

## 7 Zahlen in 35 Viererreihen (Vollsystem)
## Einsatz: ab 35 Euro

|   | 1 | 2 | 3 | 4 | 5 | 6 | 7 | 8 | 9 | 10 | 11 | 12 | 13 | 14 | 15 | 16 | 17 | 18 | 19 | 20 | 21 | 22 | 23 | 24 | 25 | 26 | 27 | 28 | 29 | 30 | 31 | 32 | 33 | 34 | 35 |
|---|---|---|---|---|---|---|---|---|---|---|---|---|---|---|---|---|---|---|---|---|---|---|---|---|---|---|---|---|---|---|---|---|---|---|---|
| 1 | X | X | X | X | X | X | X | X | X | X | X | X | X | X | X | X | X | X | X | X |   |   |   |   |   |   |   |   |   |   |   |   |   |   |   |
| 2 | X | X | X | X | X | X | X | X | X | X |   |   |   |   |   |   |   |   |   |   | X | X | X | X | X | X | X | X | X | X |   |   |   |   |   |
| 3 | X | X | X | X |   |   |   |   |   |   | X | X | X | X | X |   |   |   |   |   | X | X | X | X | X |   |   |   |   |   | X | X | X | X |   |
| 4 | X |   |   |   | X | X | X |   |   |   | X | X | X |   |   |   | X | X | X |   |   |   | X | X | X |   | X | X | X |   |   | X | X | X | X |
| 5 |   | X |   |   | X |   |   | X | X |   | X |   |   | X | X |   | X | X |   |   | X | X |   | X | X |   | X | X |   | X | X |   |   | X | X |
| 6 |   |   | X |   |   | X |   | X |   | X |   | X |   | X |   | X |   | X | X |   | X |   | X |   | X | X | X |   | X | X | X |   | X | X | X |
| 7 |   |   |   | X |   |   | X |   | X | X |   |   | X |   | X | X | X |   | X | X |   | X | X | X |   | X | X | X |   | X |   | X | X |   | X |

## Garantietabelle System 11

| Treffer | 4 Richtige | 3 Richtige | 2 Richtige | Fälle | Prozent | Gewinn |
|---|---|---|---|---|---|---|
| 7 | 35 | - | - | 1 | 100.00 | 770 |
| 6 | 15 | 20 | - | 7 | 100.00 | 370 |
| 5 | 5 | 20 | 10 | 21 | 100.00 | 160 |
| 4 | 1 | 12 | 18 | 35 | 100.00 | 64 |
| 3 | - | 4 | 18 | 35 | 100.00 | 26 |
| 2 | - | - | 10 | 21 | 100.00 | 10 |

# System 12

**8 Zahlen in 10 Viererreihen (VEW-System)**
**Einsatz: ab 10 Euro**

|   | 1 | 2 | 3 | 4 | 5 | 6 | 7 | 8 | 9 | 10 |
|---|---|---|---|---|---|---|---|---|---|----|
| 1 | X | X | X | X |   |   |   |   |   |    |
| 2 | X | X | X |   |   | X | X |   |   |    |
| 3 | X |   |   | X |   | X |   | X | X |    |
| 4 | X |   |   |   | X | X | X |   |   | X  |
| 5 |   | X |   |   | X |   | X | X | X |    |
| 6 |   | X |   | X |   | X |   | X |   | X  |
| 7 |   |   | X | X |   |   | X |   | X | X  |
| 8 |   |   | X |   | X | X |   |   | X | X  |

### Garantietabelle System 12

| Treffer | 4 Richtige | 3 Richtige | 2 Richtige | Fälle | Prozent | Gewinn € |
|---------|------------|------------|------------|-------|---------|----------|
| 8 | 10 | - | - | 1 | 100.00 | 220 |
| 7 | 5 | 5 | - | 8 | 100.00 | 120 |
| 6 | 3 | 4 | 3 | 4 | 14.29 | 77 |
|   | 2 | 6 | 2 | 24 | 85.71 | 58 |
| 5 | 1 | 4 | 4 | 24 | 42.86 | 34 |
|   | 1 | 3 | 6 | 16 | 28.57 | 34 |
|   | - | 6 | 3 | 16 | 28.57 | 15 |
| 4 | 1 | - | 8 | 2 | 2.86 | 30 |
|   | 1 | - | 7 | 8 | 11.43 | 29 |
|   | - | 4 | 2 | 4 | 5.71 | 10 |
|   | - | 3 | 4 | 32 | 45.71 | 10 |
|   | - | 2 | 7 | 8 | 11.43 | 11 |
|   | - | 2 | 6 | 16 | 22.86 | 10 |
| 3 | - | 1 | 4 | 24 | 42.86 | 6 |
|   | - | 1 | 3 | 16 | 28.57 | 5 |
|   | - | - | 6 | 16 | 28.57 | 6 |
| 2 | - | - | 3 | 4 | 14.29 | 3 |
|   | - | - | 2 | 24 | 85.71 | 2 |

System 13

8 Zahlen in 14 Viererreihen (VEW-System)
Einsatz: ab 14 Euro

|   | 1 | 2 | 3 | 4 | 5 | 6 | 7 | 8 | 9 | 10 | 11 | 12 | 13 | 14 |
|---|---|---|---|---|---|---|---|---|---|----|----|----|----|----|
| 1 | X | X | X | X | X | X | X |   |   |    |    |    |    |    |
| 2 | X | X | X |   |   |   |   | X | X | X  | X  |    |    |    |
| 3 | X |   |   | X | X |   |   | X | X |    |    | X  | X  |    |
| 4 | X |   |   |   |   | X | X |   |   | X  | X  | X  | X  |    |
| 5 |   | X |   | X |   | X |   | X |   | X  |    | X  |    | X  |
| 6 |   | X |   |   | X |   | X |   | X |    | X  | X  |    | X  |
| 7 |   |   | X | X |   |   | X |   | X | X  |    |    | X  | X  |
| 8 |   |   | X |   | X | X |   | X |   |    | X  |    | X  | X  |

Garantietabelle System 13

| Treffer | 4 Richtige | 3 Richtige | 2 Richtige | Fälle | Prozent | Gewinn € |
|---|---|---|---|---|---|---|
| 8 | 14 | - | - | 1 | 100.00 | 308 |
| 7 | 7 | 7 | - | 8 | 100.00 | 168 |
| 6 | 3 | 8 | 3 | 28 | 100.00 | 85 |
| 5 | 1 | 6 | 6 | 56 | 100.00 | 40 |
| 4 | 1 | - | 12 | 14 | 20.00 | 34 |
|   | - | 4 | 6 | 56 | 80.00 | 14 |
| 3 | - | 1 | 6 | 56 | 100.00 | 8 |
| 2 | - | - | 3 | 28 | 100.00 | 3 |

System 14

## 9 Zahlen in 18 Viererreihen (VEW-System)
Einsatz: ab 18 Euro

|   | 1 | 2 | 3 | 4 | 5 | 6 | 7 | 8 | 9 | 10 | 11 | 12 | 13 | 14 | 15 | 16 | 17 | 18 |
|---|---|---|---|---|---|---|---|---|---|----|----|----|----|----|----|----|----|----|
| 1 | X | X | X | X | X | X | X | X |   |    |    |    |    |    |    |    |    |    |
| 2 | X | X | X |   |   |   |   |   | X | X  | X  | X  | X  |    |    |    |    |    |
| 3 |   |   |   | X | X | X |   |   | X | X  | X  |    |    |    | X  | X  |    |    |
| 4 | X |   |   | X |   |   | X |   | X |    |    | X  |    | X  |    | X  | X  |    |
| 5 | X |   |   |   | X |   |   | X |   | X  |    |    | X  | X  |    | X  |    | X  |
| 6 |   | X |   | X |   |   | X |   | X |    |    | X  |    |    | X  |    | X  | X  |
| 7 |   |   | X |   | X |   | X | X |   |    |    |    | X  |    | X  | X  | X  |    |
| 8 |   | X |   |   | X | X |   |   |   | X  |    |    | X  | X  |    |    | X  | X  |
| 9 |   |   | X |   | X |   | X |   |   |    | X  | X  |    |    | X  | X  |    | X  |

## Garantietabelle System 14

| Treffer | 4 Richtige | 3 Richtige | 2 Richtige | Fälle | Prozent | Gewinn |
|---|---|---|---|---|---|---|
| 9 | 18 | - | - | 1 | 100.00 | 396 |
| 8 | 10 | 8 | - | 9 | 100.00 | 236 |
| 7 | 5 | 10 | 3 | 36 | 100.00 | 133 |
| 6 | 3 | 6 | 9 | 12 | 14.29 | 87 |
|   | 2 | 9 | 6 | 72 | 85.71 | 68 |
| 5 | 1 | 5 | 9 | 72 | 57.14 | 41 |
|   | 1 | 4 | 12 | 18 | 14.29 | 42 |
|   | - | 8 | 6 | 36 | 28.57 | 22 |
| 4 | 1 | - | 12 | 18 | 14.29 | 34 |
|   | - | 4 | 6 | 36 | 28.57 | 14 |
|   | - | 3 | 9 | 72 | 57.14 | 15 |
| 3 | - | 1 | 6 | 72 | 85.71 | 8 |
|   | - | - | 9 | 12 | 14.29 | 9 |
| 2 | - | - | 3 | 36 | 100.00 | 3 |

System 15

10 Zahlen in 15 Viererreihen (VEW-System)
Einsatz: ab 15 Euro

|    | 1 | 2 | 3 | 4 | 5 | 6 | 7 | 8 | 9 | 10 | 11 | 12 | 13 | 14 | 15 |
|----|---|---|---|---|---|---|---|---|---|----|----|----|----|----|----|
| 1  | X | X | X | X | X | X |   |   |   |    |    |    |    |    |    |
| 2  | X | X |   |   |   |   | X | X | X | X  |    |    |    |    |    |
| 3  | X |   | X |   |   |   | X |   |   |    | X  | X  | X  |    |    |
| 4  | X |   |   | X |   |   |   | X |   |    | X  |    |    | X  | X  |
| 5  |   | X |   |   | X |   |   |   | X |    | X  | X  |    | X  |    |
| 6  |   | X |   |   |   | X |   |   |   | X  | X  |    | X  |    | X  |
| 7  |   |   | X |   | X |   |   | X |   | X  |    |    | X  | X  |    |
| 8  |   |   |   | X |   | X | X |   | X |    |    |    | X  | X  |    |
| 9  |   |   | X |   |   | X |   | X | X |    |    | X  |    |    | X  |
| 10 |   |   |   | X | X |   | X |   |   | X  |    | X  |    |    | X  |

Garantietabelle System 15

| Treffer | 4 Richtige | 3 Richtige | 2 Richtige | Fälle | Prozent | Gewinn |
|---------|------------|------------|------------|-------|---------|--------|
| 10      | 15         | -          | -          | 1     | 100.00  | 330    |
| 9       | 9          | 6          | -          | 10    | 100.00  | 210    |
| 8       | 5          | 8          | 2          | 45    | 100.00  | 128    |
| 7       | 3          | 6          | 6          | 60    | 50.00   | 84     |
|         | 2          | 9          | 3          | 60    | 50.00   | 65     |
| 6       | 3          | -          | 12         | 15    | 7.14    | 78     |
|         | 1          | 6          | 6          | 180   | 85.71   | 40     |
|         | -          | 8          | 6          | 15    | 7.14    | 22     |
| 5       | 1          | 2          | 8          | 90    | 35.71   | 34     |
|         | -          | 5          | 5          | 72    | 28.57   | 15     |
|         | -          | 4          | 8          | 90    | 35.71   | 16     |
| 4       | 1          | -          | 6          | 15    | 7.14    | 28     |
|         | -          | 2          | 6          | 180   | 85.71   | 10     |
|         | -          | -          | 12         | 15    | 7.14    | 12     |
| 3       | -          | 1          | 3          | 60    | 50.00   | 5      |
|         | -          | -          | 6          | 60    | 50.00   | 6      |
| 2       | -          | -          | 2          | 45    | 100.00  | 2      |

# System 16

## 10 Zahlen in 30 Viererreihen (VEW-System)
Einsatz: ab 30 Euro

## Garantietabelle System 16

| Treffer | 4 Richtige | 3 Richtige | 2 Richtige | Fälle | Prozent | Gewinn |
|---|---|---|---|---|---|---|
| 10 | 30 | - | - | 1 | 100.00 | 660 |
| 9 | 18 | 12 | - | 10 | 100.00 | 420 |
| 8 | 10 | 16 | 4 | 45 | 100.00 | 256 |
| 7 | 5 | 15 | 9 | 120 | 100.00 | 149 |
| 6 | 3 | 8 | 18 | 30 | 14.29 | 100 |
|   | 2 | 12 | 12 | 180 | 85.71 | 80 |
| 5 | 1 | 6 | 16 | 180 | 71.43 | 50 |
|   | - | 10 | 10 | 72 | 28.57 | 30 |
| 4 | 1 | - | 18 | 30 | 14.29 | 40 |
|   | - | 4 | 12 | 180 | 85.71 | 20 |
| 3 | - | 1 | 9 | 120 | 100.00 | 11 |
| 2 | - | - | 4 | 45 | 100.00 | 4 |

# Systeme für
# Kenotyp 5

## System 17

**6 Zahlen in 6 Fünferreihen (Vollsystem)**
Einsatz: ab 6 Euro

|   | 1 | 2 | 3 | 4 | 5 | 6 |
|---|---|---|---|---|---|---|
| 1 | X | X | X | X | X |   |
| 2 | X | X | X | X |   | X |
| 3 | X | X | X |   | X | X |
| 4 | X | X |   | X | X | X |
| 5 | X |   | X | X | X | X |
| 6 |   | X | X | X | X | X |

Garantietabelle System 17

| Treffer | 5 | 4 | 3 | Fälle | Prozent | Gewinn |
|---|---|---|---|---|---|---|
| 6 | 6 | - | - | 1 | 100.00 | 600 |
| 5 | 1 | 5 | - | 6 | 100.00 | 135 |
| 4 | - | 2 | 4 | 15 | 100.00 | 22 |
| 3 | - | - | 3 | 20 | 100.00 | 6 |

## System 18

**7 Zahlen in 21 Fünferreihen (Vollsystem)**
Einsatz: ab 21 Euro

|   | 1 | 2 | 3 | 4 | 5 | 6 | 7 | 8 | 9 | 10 | 11 | 12 | 13 | 14 | 15 | 16 | 17 | 18 | 19 | 20 | 21 |
|---|---|---|---|---|---|---|---|---|---|---|---|---|---|---|---|---|---|---|---|---|---|
| 1 | X | X | X | X | X | X | X | X | X | X | X | X | X | X |   |   |   |   |   |   |   |
| 2 | X | X | X | X | X | X | X | X |   |   |   |   |   |   |   | X | X | X | X | X |   |
| 3 | X | X | X | X | X |   |   |   | X | X | X |   |   |   |   | X | X | X | X |   | X |
| 4 | X | X | X |   |   | X | X |   | X | X |   | X | X |   |   | X | X | X |   | X | X |
| 5 | X |   |   | X | X |   | X | X | X |   | X | X |   | X | X | X | X |   | X | X | X |
| 6 |   | X |   | X |   | X | X | X |   | X | X |   | X | X | X | X |   | X | X | X | X |
| 7 |   |   | X |   | X | X |   | X | X | X |   | X | X | X | X |   | X | X | X | X | X |

Garantietabelle System 18

| Treffer | 5 | 4 | 3 | Fälle | Prozent | Gewinn € |
|---|---|---|---|---|---|---|
| 7 | 21 | - | - | 1 | 100.00 | 2.100 |
| 6 | 6 | 15 | - | 7 | 100.00 | 705 |
| 5 | 1 | 10 | 10 | 21 | 100.00 | 190 |
| 4 | - | 3 | 12 | 35 | 100.00 | 45 |
| 3 | - | - | 6 | 35 | 100.00 | 12 |

## System 19

### 8 Zahlen in 56 Fünferreihen (Vollsystem)
### Einsatz: ab 56 Euro

| | 1 | 2 | 3 | 4 | 5 | 6 | 7 | 8 | 9 | 10 | 11 | 12 | 13 | 14 | 15 | 16 | 17 | 18 | 19 | 20 | 21 | 22 | 23 | 24 | 25 | 26 | 27 | 28 |
|---|---|---|---|---|---|---|---|---|---|---|---|---|---|---|---|---|---|---|---|---|---|---|---|---|---|---|---|---|
| 1 | X | X | X | X | X | X | X | X | X | X | X | X | X | X | X | X | X | X | X | X | X | X | X | X | X | X | X | X |
| 2 | X | X | X | X | X | X | X | X | X | X | X | X | X | X | X | X | X |   |   |   |   |   |   |   |   |   |   |   |
| 3 | X | X | X | X | X | X | X | X | X |   |   |   |   |   |   |   |   |   |   |   | X | X | X | X | X | X | X |   |
| 4 | X | X | X | X |   |   |   |   |   | X | X | X | X | X |   |   |   |   |   |   | X | X | X | X | X | X |   |   |
| 5 | X |   |   |   | X | X | X |   |   | X | X | X |   |   |   | X | X | X |   |   | X | X | X |   |   |   | X | X |
| 6 |   | X |   |   | X |   |   | X | X |   |   |   | X | X |   | X | X |   | X | X |   | X | X |   |   |   | X | X |
| 7 |   |   | X |   |   | X |   | X |   | X |   |   | X |   | X | X |   | X | X | X |   | X |   | X |   |   | X | X |
| 8 |   |   |   | X |   |   | X |   | X |   | X |   |   | X | X |   | X | X | X | X |   |   | X |   | X |   | X | X |

| | 29 | 30 | 31 | 32 | 33 | 34 | 35 | 36 | 37 | 38 | 39 | 40 | 41 | 42 | 43 | 44 | 45 | 46 | 47 | 48 | 49 | 50 | 51 | 52 | 53 | 54 | 55 | 56 |
|---|---|---|---|---|---|---|---|---|---|---|---|---|---|---|---|---|---|---|---|---|---|---|---|---|---|---|---|---|
| 1 | X | X | X | X | X | X | X |   |   |   |   |   |   |   |   |   |   |   |   |   |   |   |   |   |   |   |   |   |
| 2 |   |   |   |   |   |   |   | X | X | X | X | X | X | X | X | X | X | X | X | X | X |   |   |   |   |   |   |   |
| 3 | X | X |   |   |   |   |   | X | X | X | X | X | X | X | X | X |   |   |   |   |   | X | X | X | X |   |   |   |
| 4 |   | X | X | X |   |   |   | X | X | X | X | X |   |   |   |   | X | X | X |   |   | X | X | X |   |   |   | X |
| 5 | X |   | X | X | X |   |   | X | X | X |   |   | X | X | X |   | X | X |   | X | X | X |   |   | X | X |   | X |
| 6 |   | X | X |   |   | X | X |   |   |   | X | X |   |   | X | X | X |   | X | X | X |   | X | X |   | X | X | X |
| 7 | X | X | X |   |   | X | X |   | X |   |   | X | X |   | X | X |   | X | X | X |   | X | X |   | X | X | X | X |
| 8 | X | X |   | X | X | X | X |   |   | X |   |   | X | X |   | X | X | X |   | X |   | X | X | X | X | X | X | X |

Garantietabelle System 19

| Treffer | 5 | 4 | 3 | Fälle | in Prozent | Gewinn € |
|---|---|---|---|---|---|---|
| 8 | 56 | - | - | 1 | 100.00 | 5.600 |
| 7 | 21 | 35 | - | 8 | 100.00 | 2.345 |
| 6 | 6 | 30 | 20 | 28 | 100.00 | 850 |
| 5 | 1 | 15 | 30 | 56 | 100.00 | 265 |
| 4 | - | 4 | 24 | 70 | 100.00 | 76 |
| 3 | - | - | 10 | 56 | 100.00 | 20 |

System 20

8 Zahlen in 8 Fünferreihen (VEW-System)
Einsatz: ab 8 Euro

|   | 1 | 2 | 3 | 4 | 5 | 6 | 7 | 8 |
|---|---|---|---|---|---|---|---|---|
| 1 | X | X | X | X | X |   |   |   |
| 2 | X | X | X |   |   | X | X |   |
| 3 | X | X |   | X |   | X |   | X |
| 4 | X |   |   | X | X |   | X | X |
| 5 | X |   | X |   | X | X |   | X |
| 6 |   | X | X |   | X |   | X | X |
| 7 |   | X |   | X | X | X |   |   |
| 8 |   |   | X | X |   | X | X | X |

Garantietabelle System 20

| Treffer | 5 | 4 | 3 | Fälle | Prozent | Gewinn € |
|---|---|---|---|---|---|---|
| 8 | 8 | - | - | 1 | 100.00 | 800 |
| 7 | 3 | 5 | - | 8 | 100.00 | 335 |
| 6 | 1 | 4 | 3 | 24 | 85.71 | 134 |
|   | - | 6 | 2 | 4 | 14.29 | 46 |
| 5 | 1 | - | 6 | 8 | 14.29 | 112 |
|   | - | 3 | 3 | 24 | 42.86 | 27 |
|   | - | 2 | 5 | 24 | 42.86 | 24 |
| 4 | - | 1 | 3 | 16 | 22.86 | 13 |
|   | - | 1 | 2 | 24 | 34.29 | 11 |
|   | - | - | 5 | 24 | 34.29 | 10 |
|   | - | - | 4 | 6 | 8.57 | 8 |
| 3 | - | - | 2 | 24 | 42.86 | 4 |
|   | - | - | 1 | 8 | 14.29 | 2 |
|   | - | - | 1 | 24 | 42.86 | 2 |

# System 21

## 10 Zahlen in 12 Fünferreihen (VEW-System)
Einsatz: ab 12 Euro

|   | 1 | 2 | 3 | 4 | 5 | 6 | 7 | 8 | 9 | 10 | 11 | 12 |
|---|---|---|---|---|---|---|---|---|---|----|----|----|
| 1 | X | X | X | X | X | X |   |   |   |    |    |    |
| 2 | X | X |   |   |   |   | X | X | X |    |    |    |
| 3 |   |   | X | X |   |   | X | X |   |    | X  | X  |
| 4 |   |   |   | X | X |   |   | X | X | X  |    | X  |
| 5 |   |   | X |   | X |   | X |   |   |    | X  | X  |
| 6 | X |   |   |   |   | X |   | X | X | X  |    |    |
| 7 |   | X |   | X |   |   | X | X |   | X  |    | X  |
| 8 |   | X |   | X | X | X |   |   |   | X  |    | X  |
| 9 | X |   | X | X |   | X |   | X |   |    | X  |    |
| 10| X | X | X |   | X |   | X |   |   |    |    |    |

## Garantietabelle System 21

| Treffer | 5 | 4 | 3 | Fälle | Prozent | Gewinn € |
|---------|---|---|---|-------|---------|----------|
| 10 | 12 | - | - | 1 | 100.00 | 1.200 |
| 9 | 6 | 6 | - | 10 | 100.00 | 642 |
| 8 | 4 | 4 | 4 | 15 | 33.33 | 436 |
|   | 2 | 8 | 2 | 30 | 66.67 | 260 |
| 7 | 2 | 4 | 4 | 30 | 25.00 | 236 |
|   | 1 | 5 | 5 | 60 | 50.00 | 145 |
|   | - | 6 | 6 | 30 | 25.00 | 54 |
| 6 | 1 | 2 | 6 | 60 | 28.57 | 126 |
|   | - | 6 | - | 10 | 4.76 | 42 |
|   | - | 4 | 4 | 75 | 35.71 | 36 |
|   | - | 2 | 8 | 60 | 28.57 | 30 |
|   | - | - | 12 | 5 | 2.38 | 24 |
| 5 | 1 | - | 5 | 12 | 4.76 | 110 |
|   | - | 2 | 4 | 120 | 47.62 | 22 |
|   | - | 1 | 5 | 60 | 23.81 | 17 |
|   | - | - | 6 | 60 | 23.81 | 12 |
| 4 | - | 1 | 2 | 60 | 28.57 | 11 |
|   | - | - | 6 | 10 | 4.76 | 12 |
|   | - | - | 4 | 75 | 35.71 | 8 |
|   | - | - | 2 | 60 | 28.57 | 4 |
|   | - | - | - | 5 | 2.38 | 0 |
| 3 | - | - | 2 | 30 | 25.00 | 4 |
|   | - | - | 1 | 60 | 50.00 | 2 |
|   | - | - | - | 30 | 25.00 | 0 |

## System 22

### 10 Zahlen in 18 Fünferreihen (VEW-System)
### Einsatz: ab 18 Euro

|    | 1 | 2 | 3 | 4 | 5 | 6 | 7 | 8 | 9 | 10 | 11 | 12 | 13 | 14 | 15 | 16 | 17 | 18 |
|----|---|---|---|---|---|---|---|---|---|----|----|----|----|----|----|----|----|----|
| 1  | X | X | X | X | X | X | X | X |   |    |    |    |    |    |    |    |    |    |
| 2  | X | X | X |   |   |   |   |   |   | X  | X  | X  | X  |    |    |    |    |    |
| 3  | X | X | X |   | X |   |   |   | X |    |    |    |    |    | X  | X  | X  | X  |
| 4  | X |   |   | X |   | X | X |   |   |    | X  | X  |    |    | X  | X  | X  |    |
| 5  | X |   |   | X |   |   |   | X | X |    |    |    | X  | X  | X  | X  |    | X  |
| 6  |   | X |   |   | X | X | X |   |   |    | X  |    | X  | X  | X  |    |    | X  |
| 7  |   | X |   |   | X |   |   | X | X |    | X  | X  | X  |    |    | X  | X  |    |
| 8  |   |   | X |   |   | X | X | X |   | X  |    |    | X  | X  |    |    | X  | X  |
| 9  |   |   | X |   |   | X |   |   | X | X  | X  | X  |    |    | X  | X  | X  |    |
| 10 |   |   |   | X | X |   | X |   |   |    | X  | X  |    | X  |    |    | X  | X  |

### Garantietabelle System 22

| Treffer | 5 | 4 | 3 | Fälle | Prozent | Gewinn € |
|---------|---|---|---|-------|---------|----------|
| 10 | 18 | - | - | 1 | 100.00 | 1.800 |
| 9 | 9 | 9 | - | 10 | 100.00 | 963 |
| 8 | 4 | 10 | 4 | 45 | 100.00 | 478 |
| 7 | 3 | 3 | 12 | 2 | 1.67 | 345 |
|   | 2 | 6 | 9 | 62 | 51.67 | 260 |
|   | 1 | 9 | 6 | 50 | 41.67 | 175 |
|   | - | 12 | 3 | 6 | 5.00 | 90 |
| 6 | 2 | - | 12 | 5 | 2.38 | 224 |
|   | 1 | 3 | 9 | 72 | 34.29 | 139 |
|   | 1 | 2 | 12 | 8 | 3.81 | 138 |
|   | - | 6 | 6 | 48 | 22.86 | 54 |
|   | - | 5 | 9 | 72 | 34.29 | 53 |
|   | - | 4 | 12 | 5 | 2.38 | 52 |
| 5 | 1 | 1 | 4 | 10 | 3.97 | 115 |
|   | 1 | - | 7 | 8 | 3.17 | 114 |
|   | - | 3 | 4 | 16 | 6.35 | 29 |
|   | - | 2 | 7 | 184 | 73.02 | 28 |
|   | - | 1 | 10 | 16 | 6.35 | 27 |
|   | - | 1 | 9 | 8 | 3.17 | 25 |
|   | - | - | 12 | 10 | 3.97 | 24 |
| 4 | - | 2 | - | 5 | 2.38 | 14 |
|   | - | 1 | 3 | 72 | 34.29 | 13 |
|   | - | 1 | 2 | 8 | 3.81 | 11 |
|   | - | - | 6 | 48 | 22.86 | 12 |
|   | - | - | 5 | 72 | 34.29 | 10 |
|   | - | - | 4 | 5 | 2.38 | 8 |
| 3 | - | - | 3 | 6 | 5.00 | 6 |
|   | - | - | 2 | 50 | 41.67 | 4 |
|   | - | - | 1 | 62 | 51.67 | 2 |
|   | - | - | - | 2 | 1.67 | 0 |

# System 23

## 10 Zahlen in 36 Fünferreihen (VEW-System)
Einsatz: ab 36 Euro

|    | 1 | 2 | 3 | 4 | 5 | 6 | 7 | 8 | 9 | 10 | 11 | 12 | 13 | 14 | 15 | 16 | 17 | 18 | 19 | 20 | 21 | 22 | 23 | 24 | 25 | 26 | 27 | 28 | 29 | 30 | 31 | 32 | 33 | 34 | 35 | 36 |
|----|---|---|---|---|---|---|---|---|---|----|----|----|----|----|----|----|----|----|----|----|----|----|----|----|----|----|----|----|----|----|----|----|----|----|----|----|
| 1  | X | X | X | X | X | X | X | X | X | X  | X  | X  | X  | X  | X  | X  | X  | X  |    |    |    |    |    |    |    |    |    |    |    |    |    |    |    |    |    |    |
| 2  | X | X | X | X | X | X | X |   |   |    |    |    |    |    |    |    |    |    | X  | X  | X  | X  | X  | X  | X  | X  | X  | X  |    |    |    |    |    |    |    |    |
| 3  | X | X | X |   |   |   |   | X | X | X  | X  | X  |    |    |    |    |    |    | X  | X  | X  | X  | X  |    |    |    |    |    | X  | X  | X  | X  | X  |    |    |    |
| 4  |   |   |   | X | X | X |   |   | X | X  | X  |    |    |    | X  | X  |    |    | X  | X  | X  |    |    |    | X  | X  |    |    | X  | X  |    |    |    | X  | X  | X  |
| 5  | X |   |   |   | X |   |   | X |   |    | X  |    |    | X  |    |    | X  | X  | X  |    |    |    | X  |    | X  |    | X  | X  | X  |    | X  | X  |    | X  | X  |    |
| 6  |   | X |   | X |   |   | X |   | X |    |    |    | X  |    |    | X  | X  |    |    | X  |    | X  |    |    |    | X  | X  | X  |    | X  |    | X  | X  |    | X  | X  |
| 7  |   | X |   |   | X | X |   | X |   |    |    | X  |    | X  | X  |    |    | X  | X  |    | X  | X  |    |    |    | X  | X  |    | X  | X  |    | X  | X  | X  | X  |    |
| 8  |   |   | X |   | X |   |   |   | X | X  | X  |    |    | X  |    |    |    | X  | X  |    | X  |    | X  |    |    | X  | X  |    | X  |    | X  | X  | X  |    |    | X  |
| 9  |   |   | X |   |   | X | X |   |   | X  |    |    | X  | X  |    | X  |    | X  | X  |    |    |    |    | X  |    | X  |    | X  | X  | X  | X  |    |    |    | X  | X  |
| 10 | X |   |   |   | X |   | X |   |   | X  |    | X  | X  |    |    | X  | X  | X  |    | X  |    | X  | X  |    |    | X  | X  |    |    |    | X  | X  |    | X  | X  |

## Garantietabelle System 23

| Treffer | 5  | 4  | 3  | Fälle | Prozent | Gewinn € |
|---------|----|----|----|-------|---------|----------|
| 10      | 36 | -  | -  | 1     | 100.00  | 3.600    |
| 9       | 18 | 18 | -  | 10    | 100.00  | 1.926    |
| 8       | 8  | 20 | 8  | 45    | 100.00  | 956      |
| 7       | 3  | 15 | 15 | 120   | 100.00  | 435      |
| 6       | 1  | 8  | 18 | 180   | 85.71   | 192      |
|         | -  | 12 | 12 | 30    | 14.29   | 108      |
| 5       | 1  | -  | 20 | 36    | 14.29   | 140      |
|         | -  | 5  | 10 | 36    | 14.29   | 55       |
|         | -  | 4  | 14 | 180   | 71.43   | 56       |
| 4       | -  | 1  | 8  | 180   | 85.71   | 23       |
|         | -  | -  | 12 | 30    | 14.29   | 24       |
| 3       | -  | -  | 3  | 120   | 100.00  | 6        |

System 24

11 Zahlen in 55 Fünferreihen (VEW-System)
Einsatz: ab 55 Euro

|   | 1 | 2 | 3 | 4 | 5 | 6 | 7 | 8 | 9 | 10 | 11 | 12 | 13 | 14 | 15 | 16 | 17 | 18 | 19 | 20 | 21 | 22 | 23 | 24 | 25 | 26 | 27 | 28 | 29 | 30 |
|---|---|---|---|---|---|---|---|---|---|----|----|----|----|----|----|----|----|----|----|----|----|----|----|----|----|----|----|----|----|----|
| 1 | X | X | X | X | X | X | X | X | X | X | X | X | X | X | X | X | X | X | X | X | X | X | X | X | X |   |   |   |   |   |
| 2 | X | X | X | X | X | X | X | X | X |   |   |   |   |   |   |   |   |   |   |   |   |   |   |   |   | X | X | X | X | X |
| 3 | X | X | X | X |   |   |   |   |   |   | X | X | X | X | X |   |   |   |   |   |   |   |   |   |   | X | X | X | X | X |
| 4 | X |   |   |   | X | X | X |   |   |   | X | X |   |   |   | X | X | X | X |   |   |   |   |   |   | X | X |   |   |   |
| 5 |   | X |   | X |   | X |   | X |   |   | X |   | X | X |   | X |   |   |   | X | X | X |   |   |   | X |   | X |   |   |
| 6 |   |   | X |   | X |   | X |   |   |   |   | X | X |   | X | X |   | X |   |   |   | X | X |   |   | X | X | X |   |   |
| 7 | X |   |   |   |   |   | X | X | X |   |   |   | X | X |   |   | X | X |   |   | X |   | X |   |   |   |   |   | X | X |
| 8 |   | X |   |   |   | X |   | X |   |   |   | X |   |   | X | X |   |   | X | X |   |   | X | X |   |   |   | X |   |   |
| 9 |   |   | X |   |   | X |   |   | X |   |   |   |   | X | X |   | X |   |   |   |   | X | X | X | X |   |   |   |   | X |
| 10 |   |   |   | X | X |   |   | X |   | X |   |   |   |   | X |   |   |   | X | X | X | X |   |   | X |   |   | X |   | X |
| 11 |   |   |   | X | X |   |   |   | X |   |   |   | X |   |   |   | X |   |   |   | X |   | X | X |   | X |   | X |   |   |

|   | 31 | 32 | 33 | 34 | 35 | 36 | 37 | 38 | 39 | 40 | 41 | 42 | 43 | 44 | 45 | 46 | 47 | 48 | 49 | 50 | 51 | 52 | 53 | 54 | 55 |
|---|----|----|----|----|----|----|----|----|----|----|----|----|----|----|----|----|----|----|----|----|----|----|----|----|----|
| 1 |   |   |   |   |   |   |   |   |   |   |   |   |   |   |   |   |   |   |   |   |   |   |   |   |   |
| 2 | X | X | X | X | X | X | X | X | X |   |   |   |   |   |   |   |   |   |   |   |   |   |   |   |   |
| 3 | X |   |   |   |   |   |   |   |   |   | X | X | X | X | X | X | X | X |   |   |   |   |   |   |   |
| 4 |   | X | X | X | X |   |   |   |   |   | X | X | X | X |   |   |   |   |   | X | X | X | X |   |   |
| 5 |   | X | X |   |   | X | X | X |   |   | X | X |   |   | X | X |   |   |   | X | X |   |   | X | X |
| 6 |   | X |   |   | X |   |   | X | X | X |   | X |   |   |   | X | X |   |   |   | X | X | X | X |   |
| 7 |   |   | X | X |   |   | X |   | X |   |   | X | X | X |   | X |   | X |   | X |   | X |   | X | X |
| 8 | X | X |   | X |   |   | X | X |   | X |   | X |   | X |   |   | X |   |   | X | X | X | X |   |   |
| 9 | X |   |   | X | X | X |   |   | X |   |   | X | X |   |   | X | X |   | X | X |   | X |   | X |   |
| 10 |   |   | X |   | X |   |   | X | X | X |   |   | X | X | X |   | X |   | X | X |   |   |   |   | X |
| 11 | X |   |   | X | X | X |   | X | X |   |   | X |   |   |   | X |   | X | X | X |   | X | X |   |   |

-38-

## Garantietabelle System 24

| Treffer | 5 | 4 | 3 | Fälle | Prozent | Gewinn € |
|---|---|---|---|---|---|---|
| 11 | 55 | - | - | 1 | 100.00 | 5.500 |
| 10 | 30 | 25 | - | 11 | 100.00 | 3.175 |
| 9 | 15 | 30 | 10 | 55 | 100.00 | 1.730 |
| 8 | 7 | 24 | 21 | 110 | 66.67 | 910 |
|   | 6 | 27 | 18 | 55 | 33.33 | 825 |
| 7 | 3 | 16 | 24 | 55 | 16.67 | 460 |
|   | 3 | 15 | 27 | 110 | 33.33 | 459 |
|   | 2 | 18 | 24 | 165 | 50.00 | 374 |
| 6 | 1 | 8 | 25 | 330 | 71.43 | 206 |
|   | - | 15 | 10 | 11 | 2.38 | 125 |
|   | - | 12 | 18 | 55 | 11.90 | 120 |
|   | - | 10 | 25 | 66 | 14.29 | 120 |
| 5 | 1 | - | 24 | 55 | 11.90 | 148 |
|   | - | 5 | 15 | 66 | 14.29 | 65 |
|   | - | 4 | 17 | 330 | 71.43 | 62 |
|   | - | - | 30 | 11 | 2.38 | 60 |
| 4 | - | 1 | 10 | 165 | 50.00 | 27 |
|   | - | 1 | 9 | 110 | 33.33 | 25 |
|   | - | - | 12 | 55 | 16.67 | 24 |
| 3 | - | - | 4 | 55 | 33.33 | 8 |
|   | - | - | 3 | 110 | 66.67 | 6 |

# Systeme für Kenotyp 6

## System 25

**7 Zahlen in 6 Sechserreihen (Voll-System)**
**Einsatz: ab 6 Euro**

|   | 1 | 2 | 3 | 4 | 5 | 6 | 7 |
|---|---|---|---|---|---|---|---|
| 1 | X | X | X | X | X |   |   |
| 2 | X | X | X | X |   |   | X |
| 3 | X | X | X | X |   | X | X |
| 4 | X | X | X |   |   | X | X |
| 5 | X | X |   |   | X | X | X |
| 6 | X |   |   | X | X | X | X |
| 7 |   | X | X | X | X | X | X |

Garantietabelle System 25

| Treffer | 6 | 5 | 4 | 3 | Fälle | Prozent | Gewinn € |
|---|---|---|---|---|---|---|---|
| 7 | 7 | - | - | - | 1 | 100.00 | 3.500 |
| 6 | 1 | 6 | - | - | 7 | 100.00 | 590 |
| 5 | - | 2 | 5 | - | 21 | 100.00 | 40 |
| 4 | - | - | 3 | 4 | 35 | 100.00 | 10 |
| 3 | - | - | - | 4 | 35 | 100.00 | 4 |

## System 26

**8 Zahlen in 28 Sechserreihen (Voll-System)**
**Einsatz: ab 28 Euro**

|   | 1 | 2 | 3 | 4 | 5 | 6 | 7 | 8 | 9 | 10 | 11 | 12 | 13 | 14 | 15 | 16 | 17 | 18 | 19 | 20 | 21 | 22 | 23 | 24 | 25 | 26 | 27 | 28 |
|---|---|---|---|---|---|---|---|---|---|---|---|---|---|---|---|---|---|---|---|---|---|---|---|---|---|---|---|---|
| 1 | X | X | X | X | X | X | X | X | X | X | X | X | X | X | X | X | X | X | X | X | X |   |   |   |   |   |   |   |
| 2 | X | X | X | X | X | X | X | X | X | X | X | X | X | X |   |   |   |   |   |   |   | X | X | X | X | X |   |   |
| 3 | X | X | X | X | X | X | X | X |   |   |   |   |   |   | X | X | X | X |   | X | X | X | X | X |   |   |   | X |
| 4 | X | X | X | X | X |   |   |   | X | X | X | X |   |   | X | X | X | X |   | X | X | X | X | X |   |   |   | X |
| 5 | X | X | X |   |   | X | X |   | X | X |   |   | X | X | X | X |   |   | X | X | X | X |   |   | X | X | X |   |
| 6 | X |   |   | X | X |   | X | X |   | X | X |   | X | X |   | X | X | X |   | X | X |   |   | X | X | X | X |   |
| 7 |   | X |   | X |   | X | X | X |   | X |   | X | X |   | X | X | X |   | X | X |   | X | X |   | X | X | X | X |
| 8 |   |   | X |   | X | X | X |   | X |   | X | X |   | X | X |   | X | X | X |   | X | X | X | X |   | X | X | X |

Garantietabelle System 26

| Treffer | 6 | 5 | 4 | 3 | Fälle | Prozent | Gewinn € |
|---|---|---|---|---|---|---|---|
| 8 | 28 | - | - | - | 1 | 100.00 | 14.000 |
| 7 | 7 | 21 | - | - | 8 | 100.00 | 3.815 |
| 6 | 1 | 12 | 15 | - | 28 | 100.00 | 710 |
| 5 | - | 3 | 15 | 10 | 56 | 100.00 | 85 |
| 4 | - | - | 6 | 16 | 70 | 100.00 | 28 |
| 3 | - | - | - | 10 | 56 | 100.00 | 10 |

# System 27

## 9 Zahlen in 84 Sechserreihen (Voll-System)
## Einsatz: ab 84 Euro

| | 1 | 2 | 3 | 4 | 5 | 6 | 7 | 8 | 9 | 10 | 11 | 12 | 13 | 14 | 15 | 16 | 17 | 18 | 19 | 20 | 21 | 22 | 23 | 24 | 25 | 26 | 27 | 28 |
|---|---|---|---|---|---|---|---|---|---|---|---|---|---|---|---|---|---|---|---|---|---|---|---|---|---|---|---|---|
| 1 | X | X | X | X | X | X | X | X | X | X | X | X | X | X | X | X | X | X | X | X | X | X | X | X | X | X | X | X |
| 2 | X | X | X | X | X | X | X | X | X | X | X | X | X | X | X | X | X | X | X | X | X | X | X | X | X | X | X | X |
| 3 | X | X | X | X | X | X | X | X | X | X | X | X | X | X | X | X |   |   |   |   |   |   |   |   |   |   |   |   |
| 4 | X | X | X | X | X | X | X | X | X |   |   |   |   |   |   |   |   |   |   |   | X | X | X | X | X | X | X |   |
| 5 | X | X | X | X |   |   |   |   |   | X | X | X | X | X |   |   |   |   |   |   | X | X | X | X | X |   |   |   |
| 6 | X |   |   | X | X | X |   |   | X | X | X |   |   |   | X | X | X |   | X | X | X |   |   |   |   |   | X | X |
| 7 |   | X |   | X |   | X | X |   | X |   |   | X | X |   | X | X |   | X | X |   |   | X | X |   |   |   | X | X |
| 8 |   |   | X |   | X |   | X |   | X |   | X |   | X |   |   | X | X |   | X |   | X |   | X |   | X |   | X | X |
| 9 |   |   | X |   |   | X |   | X | X |   | X |   |   | X | X | X |   |   | X | X |   |   |   |   | X |   | X | X | X |

| | 29 | 30 | 31 | 32 | 33 | 34 | 35 | 36 | 37 | 38 | 39 | 40 | 41 | 42 | 43 | 44 | 45 | 46 | 47 | 48 | 49 | 50 | 51 | 52 | 53 | 54 | 55 | 56 |
|---|---|---|---|---|---|---|---|---|---|---|---|---|---|---|---|---|---|---|---|---|---|---|---|---|---|---|---|---|
| 1 | X | X | X | X | X | X | X | X | X | X | X | X | X | X | X | X | X | X | X | X | X | X | X | X | X | X | X | X |
| 2 | X | X | X | X | X | X | X |   |   |   |   |   |   |   |   |   |   |   |   |   |   |   |   |   |   |   |   |   |
| 3 |   |   |   |   |   |   |   | X | X | X | X | X | X | X | X | X | X | X | X | X | X |   |   |   |   |   |   |   |
| 4 | X | X |   |   |   |   |   | X | X | X | X | X | X | X | X | X |   |   |   |   | X | X | X | X | X |   |   |   |
| 5 |   |   | X | X | X | X |   |   |   |   |   | X | X | X |   |   | X | X | X |   |   | X | X | X | X |   |   | X |
| 6 | X |   | X | X | X |   | X | X | X |   |   |   | X | X |   | X | X | X |   | X | X | X | X |   |   |   | X | X |
| 7 |   | X | X | X |   | X | X | X |   |   | X | X |   | X | X |   | X | X | X |   | X | X | X |   |   |   | X | X |
| 8 | X | X | X |   | X | X |   | X |   | X |   | X | X |   | X | X |   | X | X | X |   | X | X |   |   | X | X | X |
| 9 | X | X |   | X | X | X |   | X |   |   | X | X |   | X | X | X |   | X | X | X |   | X | X |   | X | X | X | X |

-42-

Fortsetzung System 27

|   | 57 | 58 | 59 | 60 | 61 | 62 | 63 | 64 | 65 | 66 | 67 | 68 | 69 | 70 | 71 | 72 | 73 | 74 | 75 | 76 | 77 | 78 | 79 | 80 | 81 | 82 | 83 | 84 |
|---|----|----|----|----|----|----|----|----|----|----|----|----|----|----|----|----|----|----|----|----|----|----|----|----|----|----|----|----|
| 1 |    |    |    |    |    |    |    |    |    |    |    |    |    |    |    |    |    |    |    |    |    |    |    |    |    |    |    |    |
| 2 | X  | X  | X  | X  | X  | X  | X  | X  | X  | X  | X  | X  | X  | X  | X  | X  | X  | X  | X  | X  | X  |    |    |    |    |    |    |    |
| 3 | X  | X  | X  | X  | X  | X  | X  | X  | X  | X  | X  | X  | X  |    |    |    |    |    |    |    |    | X  | X  | X  | X  | X  | X  |    |
| 4 | X  | X  | X  | X  | X  | X  | X  | X  |    |    |    |    |    | X  | X  | X  | X  | X  |    |    |    | X  | X  | X  | X  | X  |    | X  |
| 5 | X  | X  | X  | X  | X  |    |    |    | X  | X  | X  |    |    |    | X  | X  | X  | X  |    |    |    | X  | X  | X  | X  |    | X  | X  |
| 6 | X  | X  | X  |    |    | X  | X  | X  |    | X  | X  | X  |    |    | X  | X  | X  | X  |    |    | X  | X  | X  | X  |    |    | X  | X  |
| 7 | X  |    |    | X  | X  |    | X  | X  |    | X  | X  | X  |    |    | X  | X  | X  | X  |    |    | X  | X  | X  | X  |    | X  | X  | X  |
| 8 |    | X  |    | X  |    | X  | X  |    | X  | X  | X  |    |    | X  | X  | X  | X  |    |    | X  | X  | X  | X  |    |    | X  | X  | X  |
| 9 |    |    | X  |    | X  | X  |    | X  | X  | X  |    |    | X  | X  | X  | X  |    |    | X  | X  | X  | X  |    |    | X  | X  | X  | X  |

Garantietabelle System 27

| Treffer | 6  | 5  | 4  | 3  | Fälle | Prozent | Gewinn € |
|---------|----|----|----|----|-------|---------|----------|
| 9       | 84 | -  | -  | -  | 1     | 100.00  | 42.000   |
| 8       | 28 | 56 | -  | -  | 9     | 100.00  | 14.840   |
| 7       | 7  | 42 | 35 | -  | 36    | 100.00  | 4.200    |
| 6       | 1  | 18 | 45 | 20 | 84    | 100.00  | 880      |
| 5       | -  | 4  | 30 | 40 | 126   | 100.00  | 160      |
| 4       | -  | -  | 10 | 40 | 126   | 100.00  | 60       |
| 3       | -  | -  | -  | 20 | 84    | 100.00  | 20       |

## System 28

8 Zahlen in 4 Sechserreihen (VEW-System)
Einsatz: ab 4 Euro

|   | 1 | 2 | 3 | 4 |
|---|---|---|---|---|
| 1 | X | X | X |   |
| 2 | X | X | X |   |
| 3 | X | X |   | X |
| 4 | X | X |   | X |
| 5 | X |   | X | X |
| 6 | X |   | X | X |
| 7 |   | X | X | X |
| 8 |   | X | X | X |

Garantietabelle System 28

| Treffer | 6 | 5 | 4 | 3 | Fälle | Prozent | Gewinn € |
|---|---|---|---|---|---|---|---|
| 8 | 4 | - | - | - | 1 | 100.00 | 2.000 |
| 7 | 1 | 3 | - | - | 8 | 100.00 | 545 |
| 6 | 1 | - | 3 | - | 4 | 14.29 | 506 |
|   | - | 2 | 2 | - | 24 | 85.71 | 34 |
| 5 | - | 1 | 1 | 2 | 24 | 42.86 | 19 |
|   | - | - | 3 | 1 | 32 | 57.14 | 7 |
| 4 | - | - | 2 | - | 6 | 8.57 | 4 |
|   | - | - | 1 | 2 | 48 | 68.57 | 4 |
|   | - | - | - | 4 | 16 | 22.86 | 4 |
| 3 | - | - | - | 2 | 24 | 42.86 | 2 |
|   | - | - | - | 1 | 32 | 57.14 | 1 |

## System 29

### 8 Zahlen in 12 Sechserreihen (VEW-System)
Einsatz: ab 12 Euro

|   | 1 | 2 | 3 | 4 | 5 | 6 | 7 | 8 | 9 | 10 | 11 | 12 |
|---|---|---|---|---|---|---|---|---|---|---|---|---|
| 1 | X | X | X | X | X | X | X | X | X |   |   |   |
| 2 | X | X | X | X | X | X |   |   | X | X |   |   |
| 3 | X | X | X | X | X | X |   | X |   | X |   | X |
| 4 | X | X | X | X | X | X |   |   | X |   | X | X |
| 5 | X | X | X |   |   |   | X | X | X | X |   | X |
| 6 | X |   |   | X | X |   | X | X | X | X | X | X |
| 7 |   | X |   | X |   | X | X | X | X | X | X | X |
| 8 |   |   | X |   | X | X | X | X | X | X |   | X |

Garantietabelle System 29

| Treffer | 6 | 5 | 4 | 3 | Fälle | Prozent | Gewinn € |
|---|---|---|---|---|---|---|---|
| 8 | 12 | - | - | - | 1 | 100.00 | 6.000 |
| 7 | 3 | 9 | - | - | 8 | 100.00 | 1.635 |
| 6 | 1 | 4 | 7 | - | 12 | 42.86 | 574 |
|   | - | 6 | 6 | - | 16 | 57.14 | 102 |
| 5 | - | 3 | 3 | 6 | 8 | 14.29 | 57 |
|   | - | 1 | 7 | 4 | 48 | 85.71 | 33 |
| 4 | - | - | 6 | - | 2 | 2.86 | 12 |
|   | - | - | 3 | 6 | 32 | 45.71 | 12 |
|   | - | - | 2 | 8 | 36 | 51.43 | 12 |
| 3 | - | - | - | 6 | 8 | 14.29 | 6 |
|   | - | - | - | 4 | 48 | 85.71 | 4 |

System 30

9 Zahlen in 12 Sechserreihen (VEW-System)
Einsatz: ab 12 Euro

|   | 1 | 2 | 3 | 4 | 5 | 6 | 7 | 8 | 9 | 10 | 11 | 12 |
|---|---|---|---|---|---|---|---|---|---|----|----|----|
| 1 | X | X | X | X | X | X | X | X |   |    |    |    |
| 2 | X | X | X | X | X |   |   |   | X | X  | X  |    |
| 3 | X | X | X |   |   | X | X |   | X | X  |    | X  |
| 4 | X | X |   | X |   | X |   | X | X |    | X  | X  |
| 5 | X |   |   | X | X |   | X | X | X |    |    | X  |
| 6 | X |   | X |   | X | X |   | X |   | X  | X  | X  |
| 7 |   | X | X |   | X |   | X | X | X |    | X  | X  |
| 8 |   | X |   | X | X | X |   |   | X | X  | X  |    |
| 9 |   |   | X | X |   | X | X | X | X | X  |    |    |

Garantietabelle System 30

| Treffer | 6 | 5 | 4 | 3 | Fälle | Prozent | Gewinn € |
|---------|---|---|---|---|-------|---------|----------|
| 9 | 12 | - | - | - | 1 | 100.00 | 6.000 |
| 8 | 4 | 8 | - | - | 9 | 100.00 | 2-120 |
| 7 | 1 | 6 | 5 | - | 36 | 100.00 | 600 |
| 6 | 1 | - | 9 | 2 | 12 | 14.29 | 520 |
|   | - | 3 | 6 | 3 | 72 | 85.71 | 60 |
| 5 | - | 1 | 3 | 7 | 72 | 57.14 | 28 |
|   | - | - | 6 | 4 | 54 | 42.86 | 16 |
| 4 | - | - | 2 | 4 | 54 | 42.86 | 8 |
|   | - | - | 1 | 7 | 72 | 57.14 | 9 |
| 3 | - | - | - | 3 | 72 | 85.71 | 3 |
|   | - | - | - | 2 | 12 | 14.29 | 2 |

## System 31

### 9 Zahlen in 30 Sechserreihen (VEW-System)
### Einsatz: ab 30 Euro

|   | 1 | 2 | 3 | 4 | 5 | 6 | 7 | 8 | 9 | 10 | 11 | 12 | 13 | 14 | 15 | 16 | 17 | 18 | 19 | 20 | 21 | 22 | 23 | 24 | 25 | 26 | 27 | 28 | 29 | 30 |
|---|---|---|---|---|---|---|---|---|---|----|----|----|----|----|----|----|----|----|----|----|----|----|----|----|----|----|----|----|----|----|
| 1 | X | X | X | X | X | X | X | X | X | X  | X  | X  | X  | X  | X  | X  | X  | X  | X  | X  |    |    |    |    |    |    |    |    |    |    |
| 2 | X | X | X | X | X | X | X | X | X | X  | X  | X  | X  |    |    |    |    |    |    |    | X  | X  | X  | X  | X  | X  |    |    |    |    |
| 3 | X | X | X | X | X | X | X | X | X | X  |    |    | X  | X  | X  |    |    | X  | X  | X  |    |    |    |    |    |    | X  | X  | X  |    |
| 4 | X | X | X | X | X | X |   |   | X |    |    | X  |    |    |    | X  | X  | X  | X  |    |    | X  | X  | X  | X  | X  | X  |    |    | X  |
| 5 | X | X | X | X |   |   | X | X | X |    |    | X  |    |    | X  |    | X  | X  | X  |    | X  |    | X  | X  | X  | X  | X  | X  | X  | X  |
| 6 | X |   |   | X | X | X | X | X |   |    |    | X  |    |    | X  | X  | X  | X  |    |    | X  | X  | X  | X  | X  | X  | X  | X  | X  | X  |
| 7 |   | X |   | X |   | X |   | X |   | X  | X  | X  | X  | X  | X  | X  | X  |    | X  | X  | X  | X  | X  |    |    | X  | X  |    | X  |    |
| 8 |   |   | X |   | X |   |   | X |   |    | X  | X  | X  | X  | X  | X  | X  |    | X  | X  | X  | X  | X  |    | X  | X  |    | X  | X  |    |
| 9 |   |   | X |   |   | X |   | X | X | X  | X  | X  | X  | X  | X  |    | X  | X  | X  | X  |    | X  | X  |    | X  | X  |    | X  | X  |    |

### Garantietabelle System 31

| Treffer | 6 | 5 | 4 | 3 | Fälle | Prozent | Gewinn € |
|---------|----|----|----|----|-------|---------|----------|
| 9 | 84 | - | - | - | 1 | 100.00 | 42.000 |
| 8 | 28 | 56 | - | - | 9 | 100.00 | 14.840 |
| 7 | 7 | 42 | 35 | - | 36 | 100.00 | 4.200 |
| 6 | 1 | 18 | 45 | 20 | 84 | 100.00 | 880 |
| 5 | - | 4 | 30 | 40 | 126 | 100.00 | 160 |
| 4 | - | - | 10 | 40 | 126 | 100.00 | 60 |
| 3 | - | - | - | 20 | 84 | 100.00 | 20 |

# System 32

**10 Zahlen in 10 Sechserreihen (VEW-System)**
**Einsatz: ab 10 Euro**

|   | 1 | 2 | 3 | 4 | 5 | 6 | 7 | 8 | 9 | 10 |
|---|---|---|---|---|---|---|---|---|---|----|
| 1 | X | X | X | X | X | X |   |   |   |    |
| 2 | X | X | X |   |   |   | X | X | X |    |
| 3 | X |   |   | X | X |   | X | X |   | X  |
| 4 |   | X |   | X |   | X | X |   | X | X  |
| 5 |   |   | X |   | X | X |   | X | X | X  |
| 6 | X | X | X | X | X | X |   |   |   |    |
| 7 | X | X | X |   |   |   | X | X | X |    |
| 8 | X |   |   | X | X |   | X | X |   | X  |
| 9 |   | X |   | X |   | X | X |   | X | X  |
| 10|   |   | X |   | X | X |   | X | X | X  |

## Garantietabelle System 32

| Treffer | 6 | 5 | 4 | 3 | Fälle | Prozent | Gewinn € |
|---------|---|---|---|---|-------|---------|----------|
| 10 | 10 | - | - | - | 1 | 100.00 | 5.000 |
| 9 | 4 | 6 | - | - | 10 | 100.00 | 2.090 |
| 8 | 4 | - | 6 | - | 5 | 11.11 | 2.012 |
|   | 1 | 6 | 3 | - | 40 | 88.89 | 596 |
| 7 | 1 | 3 | 3 | 3 | 40 | 33.33 | 554 |
|   | - | 3 | 6 | 1 | 80 | 66.67 | 58 |
| 6 | 1 | - | 6 | - | 10 | 4.76 | 512 |
|   | - | 2 | 3 | 4 | 120 | 57.14 | 40 |
|   | - | - | 6 | 4 | 80 | 38.10 | 16 |
| 5 | - | 1 | 2 | 4 | 60 | 23.81 | 23 |
|   | - | - | 3 | 4 | 160 | 63.49 | 10 |
|   | - | - | - | 10 | 32 | 12.70 | 10 |
| 4 | - | - | 3 | - | 10 | 4.76 | 6 |
|   | - | - | 1 | 4 | 120 | 57.14 | 6 |
|   | - | - | - | 4 | 80 | 38.10 | 4 |
| 3 | - | - | - | 3 | 40 | 33.33 | 3 |
|   | - | - | - | 1 | 80 | 66.67 | 1 |

# Systeme für Kenotyp 7

## System 33

**8 Zahlen in 8 Siebenerreihen (Vollsystem)**
Einsatz: ab 8 Euro

|   | 1 | 2 | 3 | 4 | 5 | 6 | 7 | 8 |
|---|---|---|---|---|---|---|---|---|
| 1 | X | X | X | X | X | X | X |   |
| 2 | X | X | X | X | X | X |   | X |
| 3 | X | X | X | X | X |   | X | X |
| 4 | X | X | X | X |   | X | X | X |
| 5 | X | X | X |   | X | X | X | X |
| 6 | X | X |   | X | X | X | X | X |
| 7 | X |   | X | X | X | X | X | X |
| 8 |   | X | X | X | X | X | X | X |

### Garantietabelle System 33

| Treffer | 7 | 6 | 5 | 4 | Fälle | Prozent | Gewinn € |
|---|---|---|---|---|---|---|---|
| 8 | 8 | - | - | - | 1 | 100.00 | 8.000 |
| 7 | 1 | 7 | - | - | 8 | 100.00 | 1.700 |
| 6 | - | 2 | 6 | - | 28 | 100.00 | 272 |
| 5 | - | - | 3 | 5 | 56 | 100.00 | 41 |
| 4 | - | - | - | 4 | 70 | 100.00 | 4 |

## System 34

**9 Zahlen in 36 Siebenerreihen (Vollsystem)**
Einsatz: ab 36 Euro

|   | 1 | 2 | 3 | 4 | 5 | 6 | 7 | 8 | 9 | 10 | 11 | 12 | 13 | 14 | 15 | 16 | 17 | 18 | 19 | 20 | 21 | 22 | 23 | 24 | 25 | 26 | 27 | 28 | 29 | 30 | 31 | 32 | 33 | 34 | 35 | 36 |
|---|---|---|---|---|---|---|---|---|---|---|---|---|---|---|---|---|---|---|---|---|---|---|---|---|---|---|---|---|---|---|---|---|---|---|---|---|
| 1 | X | X | X | X | X | X | X | X | X | X | X | X | X | X | X | X | X | X | X | X | X | X | X | X | X | X | X | X |   |   |   |   |   |   |   |   |
| 2 | X | X | X | X | X | X | X | X | X | X | X | X | X | X | X | X | X | X | X | X | X |   |   |   |   |   |   |   |   | X | X | X | X | X | X |   |
| 3 | X | X | X | X | X | X | X | X | X | X | X | X | X | X | X |   |   |   |   |   |   | X | X | X | X | X |   |   |   | X | X | X | X | X |   | X |
| 4 | X | X | X | X | X | X | X | X | X | X |   |   |   |   |   | X | X | X | X |   |   | X | X | X | X |   | X | X |   | X | X | X | X |   | X | X |
| 5 | X | X | X | X | X | X |   |   |   |   | X | X | X | X |   | X | X | X |   | X | X | X | X |   |   | X | X | X |   | X | X | X |   | X | X | X |
| 6 | X | X | X |   |   |   | X | X | X |   | X | X | X |   | X | X | X |   | X | X | X | X |   | X | X | X | X |   | X | X | X |   | X | X | X | X |
| 7 | X |   |   | X | X |   | X | X |   | X | X | X |   | X | X | X |   | X | X | X |   | X | X | X | X |   | X | X | X | X |   | X | X | X | X | X |
| 8 |   | X |   | X |   | X | X |   | X | X | X |   | X | X | X |   | X | X | X |   | X | X | X | X |   | X | X | X | X |   | X | X | X | X | X | X |
| 9 |   |   | X |   | X | X |   | X | X | X |   | X | X | X |   | X | X | X |   | X | X |   | X | X | X | X | X | X |   | X | X | X | X | X | X | X |

Garantietabelle System 34

| Treffer | 7 | 6 | 5 | 4 | Fälle | Prozent | Gewinn € |
|---|---|---|---|---|---|---|---|
| 9 | 36 | - | - | - | 1 | 100.00 | 36.000 |
| 8 | 8 | 28 | - | - | 9 | 100.00 | 10.800 |
| 7 | 1 | 14 | 21 | - | 36 | 100.00 | 2.652 |
| 6 | - | 3 | 18 | 15 | 84 | 100.00 | 531 |
| 5 | - | - | 6 | 20 | 126 | 100.00 | 92 |
| 4 | - | - | - | 10 | 126 | 100.00 | 10 |

## System 35

### 10 Zahlen in 10 Siebenerreihen (VEW-System)
### Einsatz: ab 10 Euro

|   | 1 | 2 | 3 | 4 | 5 | 6 | 7 | 8 | 9 | 10 |
|---|---|---|---|---|---|---|---|---|---|---|
| 1 | X | X | X | X | X | X | X |   |   |   |
| 2 | X | X | X | X | X |   |   | X | X |   |
| 3 | X | X | X | X |   | X |   | X |   | X |
| 4 | X | X | X | X |   |   | X |   | X | X |
| 5 | X | X |   |   | X | X | X | X |   |   |
| 6 | X |   | X |   | X | X | X |   |   | X |
| 7 | X |   |   | X | X | X | X |   | X | X |
| 8 |   | X | X |   | X | X |   | X | X | X |
| 9 |   | X |   | X | X |   | X | X | X | X |
| 10 |   |   | X | X |   | X | X | X | X | X |

Garantietabelle System 35

| Treffer | 7 | 6 | 5 | 4 | Fälle | Prozent | Gewinn € |
|---|---|---|---|---|---|---|---|
| 10 | 10 | - | - | - | 1 | 100.00 | 10.000 |
| 9 | 3 | 7 | - | - | 10 | 100.00 | 3.700 |
| 8 | 1 | 4 | 5 | - | 30 | 66.67 | 1.460 |
|   | - | 6 | 4 | - | 15 | 33.33 | 648 |
| 7 | 1 | - | 6 | 3 | 10 | 8.33 | 1075 |
|   | - | 3 | 3 | 4 | 20 | 16.67 | 340 |
|   | - | 2 | 5 | 3 | 60 | 50.00 | 263 |
|   | - | 1 | 7 | 2 | 30 | 25.00 | 186 |
| 6 | - | 1 | 2 | 5 | 60 | 28.57 | 129 |
|   | - | 1 | - | 9 | 10 | 4.76 | 109 |
|   | - | - | 6 | - | 5 | 2.38 | 72 |
|   | - | - | 4 | 4 | 75 | 35.71 | 52 |
|   | - | - | 3 | 6 | 60 | 28.57 | 42 |
| 5 | - | - | 2 | 2 | 30 | 11.90 | 26 |
|   | - | - | 1 | 5 | 30 | 11.90 | 17 |
|   | - | - | 1 | 4 | 60 | 23.81 | 16 |
|   | - | - | 1 | 3 | 60 | 23.81 | 15 |
|   | - | - | - | 6 | 60 | 23.81 | 6 |
|   | - | - | - | 5 | 12 | 4.76 | 5 |
| 4 | - | - | - | 4 | 5 | 2.38 | 4 |
|   | - | - | - | 2 | 135 | 64.29 | 2 |
|   | - | - | - | 1 | 60 | 28.57 | 1 |
|   | - | - | - | - | 10 | 4.76 | 0 |

# System 36

## 10 Zahlen in 13 Siebenerreihen (VEW-System)
Einsatz: ab 13 Euro

|    | 1 | 2 | 3 | 4 | 5 | 6 | 7 | 8 | 9 | 10 | 11 | 12 | 13 |
|----|---|---|---|---|---|---|---|---|---|----|----|----|----|
| 1  | X | X | X | X | X | X | X | X |   |    |    |    |    |
| 2  | X | X | X | X | X |   |   |   | X | X  | X  |    |    |
| 3  | X | X | X |   |   | X | X | X | X | X  | X  |    |    |
| 4  | X | X |   | X | X |   | X | X |   | X  | X  |    | X  |
| 5  | X |   |   | X |   | X | X |   | X | X  | X  |    | X  |
| 6  | X | X |   | X | X | X |   | X | X | X  |    | X  | X  |
| 7  |   | X | X |   | X | X | X |   | X | X  | X  |    | X  |
| 8  |   |   | X | X | X |   | X | X | X | X  |    | X  | X  |
| 9  |   | X | X | X |   | X |   | X | X |    | X  | X  | X  |
| 10 | X |   | X |   | X | X | X |   |   | X  | X  |    | X  |

## Garantietabelle System 36

| Treffer | 7  | 6   | 5   | 4    | Fälle | Prozent |
|---------|----|-----|-----|------|-------|---------|
| 10      | 13 | -   | -   | -    | 1     | 100.00  |
| 9       | 4  | 9   | -   | -    | 9     | 90.00   |
|         | 3  | 10  | -   | -    | 1     | 10.00   |
| 8       | 1  | 5-6 | 6-7 | -    | 39    | 86.67   |
|         | -  | 8   | 5   | -    | 3     | 6.67    |
|         | -  | 7   | 6   | -    | 3     | 6.67    |
| 7       | 1  | -   | 8-9 | 3-4  | 13    | 10.83   |
|         | -  | 3   | 5-6 | 4-5  | 62    | 51.67   |
|         | -  | 2   | 7-8 | 3-4  | 42    | 35.00   |
|         | -  | 1   | 9   | 3    | 3     | 2.50    |
| 6       | -  | 1   | 0-3 | 6-12 | 91    | 43.33   |
|         | -  | -   | 6   | 3-4  | 26    | 12.38   |
|         | -  | -   | 5   | 5-6  | 63    | 30.00   |
|         | -  | -   | 4   | 7-8  | 30    | 14.29   |
| 5       | -  | -   | 2   | 2-4  | 57    | 22.62   |
|         | -  | -   | 1   | 4-7  | 159   | 63.10   |
|         | -  | -   | -   | 9    | 6     | 2.38    |
|         | -  | -   | -   | 8    | 21    | 8.33    |
|         | -  | -   | -   | 7    | 9     | 3.57    |
| 4       | -  | -   | -   | 4    | 2     | 0.95    |
|         | -  | -   | -   | 3    | 54    | 25.71   |
|         | -  | -   | -   | 2    | 132   | 62.86   |
|         | -  | -   | -   | 1    | 21    | 10.00   |
|         | -  | -   | -   | -    | 1     | 0.48    |

# System 37

## 10 Zahlen in 30 Siebenerreihen (VEW-System)
## Einsatz: ab 30 Euro

|    | 1 | 2 | 3 | 4 | 5 | 6 | 7 | 8 | 9 | 10 | 11 | 12 | 13 | 14 | 15 | 16 | 17 | 18 | 19 | 20 | 21 | 22 | 23 | 24 | 25 | 26 | 27 | 28 | 29 | 30 |
|----|---|---|---|---|---|---|---|---|---|----|----|----|----|----|----|----|----|----|----|----|----|----|----|----|----|----|----|----|----|----|
| 1  | X | X | X | X | X | X | X | X | X | X  | X  | X  | X  | X  | X  | X  | X  | X  | X  | X  | X  |    |    |    |    |    |    |    |    |    |
| 2  | X | X | X | X | X | X | X | X | X | X  | X  | X  |    |    |    |    |    |    |    |    |    | X  | X  | X  | X  | X  | X  | X  |    |    |
| 3  | X | X | X | X | X | X |   |   |   |    |    |    |    | X  | X  | X  | X  | X  | X  | X  |    | X  | X  | X  | X  | X  | X  |    |    | X  |
| 4  |   |   |   | X | X | X | X | X |   |    |    |    |    | X  | X  | X  | X  | X  | X  | X  |    | X  | X  | X  | X  | X  | X  |    | X  | X  |
| 5  | X | X | X |   |   |   | X | X |   |    |    |    |    | X  | X  | X  | X  | X  |    | X  | X  | X  | X  | X  | X  |    |    | X  | X  | X  |
| 6  | X |   | X | X |   | X | X |   | X | X  | X  | X  | X  |    |    |    | X  |    |    | X  | X  | X  | X  | X  |    |    | X  | X  | X  | X  |
| 7  |   | X | X | X | X |   |   | X | X | X  |    | X  |    |    | X  | X  |    |    | X  | X  |    | X  | X  | X  |    |    | X  | X  | X  | X  |
| 8  |   | X |   | X |   | X | X |   |   | X  | X  | X  | X  |    | X  | X  | X  | X  | X  | X  |    |    |    |    | X  | X  |    |    | X  | X  |
| 9  | X |   | X | X | X |   | X |   | X |    |    | X  | X  | X  | X  |    | X  | X  | X  |    |    | X  |    |    | X  |    | X  | X  |    | X  |
| 10 | X | X | X |   | X | X | X | X | X |    |    | X  | X  | X  |    |    | X  |    |    | X  | X  |    |    |    | X  | X  | X  |    | X  | X  |

## Garantietabelle System 37

| Treffer | 7 | 6 | 5 | 4 | Fälle | Prozent | Gewinn € |
|---------|---|---|---|---|-------|---------|----------|
| 10 | 30 | - | - | - | 1 | 100.00 | 30.000 |
| 9 | 9 | 21 | - | - | 10 | 100.00 | 11.100 |
| 8 | 4 | 10 | 16 | - | 15 | 33.33 | 5.192 |
|   | 1 | 16 | 13 | - | 30 | 66.67 | 2.756 |
| 7 | 1 | 6 | 12 | 11 | 30 | 25.00 | 1.755 |
|   | - | 6 | 15 | 9 | 60 | 50.00 | 789 |
|   | - | 3 | 21 | 6 | 30 | 25.00 | 558 |
| 6 | - | 3 | 6 | 15 | 10 | 4.76 | 387 |
|   | - | 2 | 9 | 12 | 60 | 28.57 | 320 |
|   | - | 1 | 9 | 15 | 60 | 28.57 | 223 |
|   | - | - | 12 | 12 | 15 | 7.14 | 156 |
|   | - | - | 9 | 18 | 60 | 28.57 | 126 |
|   | - | - | 6 | 24 | 5 | 2.38 | 96 |
| 5 | - | - | 5 | 10 | 12 | 4.76 | 70 |
|   | - | - | 4 | 10 | 60 | 23.81 | 58 |
|   | - | - | 3 | 13 | 60 | 23.81 | 49 |
|   | - | - | 2 | 13 | 60 | 23.81 | 37 |
|   | - | - | 1 | 13 | 30 | 11.90 | 25 |
|   | - | - | - | 16 | 30 | 11.90 | 16 |
| 4 | - | - | - | 7 | 60 | 28.57 | 7 |
|   | - | - | - | 6 | 25 | 11.90 | 6 |
|   | - | - | - | 5 | 60 | 28.57 | 5 |
|   | - | - | - | 3 | 60 | 28.57 | 3 |
|   | - | - | - | - | 5 | 2.38 | 0 |

System 38

11 Zahlen in 44 Siebenerreihen (VEW-System)
Einsatz: ab 44 Euro

|    | 1 | 2 | 3 | 4 | 5 | 6 | 7 | 8 | 9 | 10 | 11 | 12 | 13 | 14 | 15 | 16 | 17 | 18 | 19 | 20 | 21 | 22 |
|----|---|---|---|---|---|---|---|---|---|----|----|----|----|----|----|----|----|----|----|----|----|----|
| 1  | X | X | X | X | X | X | X | X | X | X  | X  | X  | X  | X  | X  | X  | X  | X  | X  | X  | X  | X  |
| 2  | X | X | X | X | X | X | X | X | X | X  | X  | X  | X  | X  | X  |    |    |    |    |    |    |    |
| 3  | X | X | X | X | X | X | X |   |   |    |    |    |    |    |    |    | X  | X  | X  | X  | X  | X  |
| 4  | X | X | X | X |   |   |   | X | X | X  | X  | X  |    |    |    |    | X  | X  | X  | X  | X  | X  |
| 5  | X | X | X |   | X | X |   | X | X | X  |    |    |    |    | X  |    | X  | X  |    |    |    |    |
| 6  | X | X |   |   | X | X |   |   |   |    |    | X  | X  | X  | X  |    |    |    | X  | X  | X  | X  |
| 7  | X |   |   | X |   | X |   | X | X | X  | X  |    |    |    | X  | X  | X  |    | X  | X  |    |    |
| 8  |   |   | X | X | X | X |   |   | X |    |    | X  |    |    | X  | X  | X  |    |    |    | X  | X  |
| 9  |   |   | X | X |   |   | X |   | X |    | X  |    | X  | X  | X  | X  |    | X  | X  | X  | X  |    |
| 10 |   | X | X |   |   | X | X | X | X |    |    | X  | X  |    | X  | X  | X  | X  |    |    |    | X  |
| 11 |   | X | X | X |   |   |   | X |   |    |    | X  | X  |    |    | X  | X  |    |    | X  | X  | X  |

|    | 23 | 24 | 25 | 26 | 27 | 28 | 29 | 30 | 31 | 32 | 33 | 34 | 35 | 36 | 37 | 38 | 39 | 40 | 41 | 42 | 43 | 44 |
|----|----|----|----|----|----|----|----|----|----|----|----|----|----|----|----|----|----|----|----|----|----|----|
| 1  | X  | X  | X  | X  | X  | X  |    |    |    |    |    |    |    |    |    |    |    |    |    |    |    |    |
| 2  |    |    |    |    |    |    | X  | X  | X  | X  | X  | X  | X  | X  | X  | X  | X  |    |    |    |    |    |
| 3  | X  | X  | X  | X  |    |    | X  | X  | X  | X  | X  | X  | X  |    |    |    |    | X  | X  |    |    |    |
| 4  |    |    |    | X  |    | X  | X  | X  | X  |    |    |    |    | X  | X  | X  | X  | X  | X  |    |    |    |
| 5  | X  | X  | X  | X  | X  |    | X  |    |    | X  | X  | X  | X  | X  | X  |    | X  | X  | X  |    | X  | X  |
| 6  | X  | X  | X  |    | X  | X  | X  | X  |    | X  | X  |    | X  | X  |    | X  | X  |    |    | X  | X  |    |
| 7  | X  | X  |    | X  |    | X  | X  |    | X  |    | X  | X  |    |    | X  | X  | X  | X  | X  |    |    |    |
| 8  |    | X  | X  | X  | X  |    | X  | X  | X  | X  |    | X  |    | X  | X  | X  |    |    |    | X  | X  |    |
| 9  | X  |    | X  | X  |    | X  |    | X  | X  | X  |    |    | X  | X  |    | X  |    |    | X  | X  | X  |    |
| 10 | X  | X  |    | X  | X  |    | X  |    |    | X  | X  | X  |    | X  | X  | X  |    | X  | X  |    |    |    |
| 11 |    | X  | X  | X  | X  | X  |    | X  |    | X  | X  | X  | X  | X  | X  | X  | X  |    | X  |    | X  |    |

Garantietabelle nächste Seite

## Garantietabelle System 38

| Treffer | 7 | 6 | 5 | 4 | Fälle | Prozent |
|---|---|---|---|---|---|---|
| 11 | 44 | - | - | - | 1 | 100.00 |
| 10 | 16 | 28 | - | - | 11 | 100.00 |
| 9 | 6 | 20 | 18 | - | 11 | 20.00 |
|  | 5 | 22 | 17 | - | 22 | 40.00 |
|  | 4 | 24 | 16 | - | 22 | 40.00 |
| 8 | 2 | 8-10 | 22-26 | 8-10 | 44 | 26.67 |
|  | 1 | 10-13 | 19-25 | 8-11 | 88 | 53.33 |
|  | - | 14 | 20 | 10 | 11 | 6.67 |
|  | - | 13 | 22 | 9 | 22 | 13.33 |
| 7 | 1 | 1-3 | 16-19 | 18-20 | 44 | 13.33 |
|  | - | 6 | 13 | 20 | 11 | 3.33 |
|  | - | 5 | 13-16 | 17-23 | 88 | 26.67 |
|  | - | 4 | 15-18 | 16-22 | 121 | 36.67 |
|  | - | 3 | 20 | 15 | 22 | 6.67 |
|  | - | 2 | 20-22 | 14-18 | 44 | 13.33 |
| 6 | - | 2 | 3-6 | 21-27 | 44 | 9.52 |
|  | - | 1 | 5-9 | 17-27 | 220 | 47.62 |
|  | - | - | 12 | 14 | 11 | 2.38 |
|  | - | - | 11 | 16 | 22 | 4.76 |
|  | - | - | 10 | 18-19 | 44 | 9.52 |
|  | - | - | 9 | 19-22 | 66 | 14.29 |
|  | - | - | 8 | 22-23 | 44 | 9.52 |
|  | - | - | 7 | 23 | 11 | 2.38 |
| 5 | - | - | 4 | 7-9 | 22 | 4.76 |
|  | - | - | 3 | 9-13 | 99 | 21.43 |
|  | - | - | 2 | 11-16 | 220 | 47.62 |
|  | - | - | 1 | 13-16 | 99 | 21.43 |
|  | - | - | - | 18 | 22 | 4.76 |
| 4 | - | - | - | 6 | 88 | 26.67 |
|  | - | - | - | 5 | 99 | 30.00 |
|  | - | - | - | 4 | 88 | 26.67 |
|  | - | - | - | 3 | 55 | 16.67 |

# System 39

**12 Zahlen in 12 Siebenerreihen (VEW-System)**
**Einsatz: ab 12 Euro**

|    | 1 | 2 | 3 | 4 | 5 | 6 | 7 | 8 | 9 | 10 | 11 | 12 |
|----|---|---|---|---|---|---|---|---|---|----|----|----|
| 1  | X | X | X | X | X | X | X |   |   |    |    |    |
| 2  | X | X | X | X |   |   | X | X | X |    |    |    |
| 3  | X | X |   | X | X |   | X | X |   | X  |    |    |
| 4  | X |   | X |   |   | X | X |   | X | X  | X  |    |
| 5  |   | X | X |   | X |   | X | X | X |    |    | X  |
| 6  |   | X | X |   |   | X |   | X | X | X  |    |    |
| 7  | X |   |   | X |   | X | X |   | X |    | X  | X  |
| 8  |   |   | X | X | X | X |   | X |   |    | X  | X  |
| 9  | X |   | X |   | X | X |   |   | X | X  |    | X  |
| 10 |   |   |   | X | X |   | X | X | X | X  |    |    |
| 11 | X | X |   | X | X |   |   |   |   |    | X  | X  |
| 12 |   | X |   | X |   | X | X | X |   |    | X  | X  |

## Garantietabelle System 39

| Treffer | 7 | 6 | 5 | 4 | Fälle | Prozent |
|---|---|---|---|---|---|---|
| 12 | 12 | - | - | - | 1 | 100.00 |
| 11 | 5 | 7 | - | - | 12 | 100.00 |
| 10 | 2 | 6 | 4 | - | 54 | 81.82 |
|    | 1 | 8 | 3 | - | 12 | 18.18 |
| 9 | 1 | 2-3 | 6-8 | 1-2 | 120 | 54.55 |
|   | - | 6 | 3 | 3 | 28 | 12.73 |
|   | - | 5 | 5 | 2 | 60 | 27.27 |
|   | - | 4 | 7 | 1 | 12 | 5.45 |
| 8 | 1 | - | 5-6 | 4-6 | 60 | 12.12 |
|   | - | 4 | - | 8 | 3 | 0.61 |
|   | - | 3 | 2-3 | 5-7 | 72 | 14.55 |
|   | - | 2 | 4-6 | 2-6 | 252 | 50.91 |
|   | - | 1 | 6-8 | 1-5 | 108 | 21.82 |
| 7 | 1 | - | - | 9 | 12 | 1.52 |
|   | - | 1 | 1-4 | 2-8 | 420 | 53.03 |
|   | - | - | 5 | 3-4 | 132 | 16.67 |
|   | - | - | 4 | 5-6 | 204 | 25.76 |
|   | - | - | 3 | 7-8 | 24 | 3.03 |
| 6 | - | 1 | - | 3-5 | 84 | 9.09 |
|   | - | - | 3 | 1-3 | 28 | 3.03 |
|   | - | - | 2 | 2-5 | 402 | 43.51 |
|   | - | - | 1 | 5-7 | 372 | 40.26 |
|   | - | - | - | 8 | 36 | 3.90 |
|   | - | - | - | 6 | 2 | 0.22 |
| 5 | - | - | 1 | 0-2 | 252 | 31.82 |
|   | - | - | - | 5 | 12 | 1.52 |
|   | - | - | - | 4 | 192 | 24.24 |
|   | - | - | - | 3 | 276 | 34.85 |
|   | - | - | - | 2 | 60 | 7.58 |
| 4 | - | - | - | 2 | 54 | 10.91 |
|   | - | - | - | 1 | 312 | 63.03 |
|   | - | - | - | - | 129 | 26.06 |

# System 40

## 12 Zahlen in 132 Siebenerreihen (VEW-System)
Einsatz: ab 132 Euro

```
1  1  1  1  1      1  1  1  1  1      1  1  1  1  1      1  1  1  1  1
2  2  2  2  2      2  2  2  2  2      2  2  2  2  2      2  2  2  2  2
3  3  3  3  3      3  3  3  3  3      3  3  3  3  3      3  3  3  3  3
4  4  4  4  4      4  4  4  4  4      5  5  5  5  6      6  6  6  7  7
5  5  5  5  5      5  7  7  8  9      7  7  8  9  7      7  8  9  8  8
6  6  6  6  6      6  8 10 11 10      8 11 10 10  8     10 10 11  9  9
7  8  9 10 11     12  9 11 12 12      9 12 12 11  9     12 11 12 10 11

1  1  1  1  1      1  1  1  1  1      1  1  1  1  1      1  1  1  1  1
2  2  2  2  2      2  2  2  2  2      2  2  2  2  2      2  2  2  2  2
3  4  4  4  4      4  4  4  4  4      4  4  5  5  5      5  5  5  5  6
7  5  5  5  5      6  6  6  6  7      7  7  6  6  6      6  7  8  8  7
8  7  7  8  8      7  7  8  9  8      9 10  7  7  8      9  8  9 10  9
9  9 10  9 10      8 10  9 11 10     10 11  8  9 10     11 10 10 11 11
12 12 11 11 12    12 11 10 12 11     11 12 11 10 12     12 12 12 12 12

1  1  1  1  1      1  1  1  1  1      1  1  1  1  1      1  1  1  1  1
2  2  3  3  3      3  3  3  3  3      3  3  3  3  3      3  3  3  3  3
6  6  4  4  4      4  4  4  4  4      4  4  4  5  5      5  5  5  5  5
8  9  5  5  5      5  6  6  6  6      7  8  8  6  6      6  6  7  8  9
9 10  7  7  8      9  7  7  8  8      8  9 10  7  7      8  9  9  9 10
11 11  8  9 11     10  9 10  9 11     11 11 11  8 10      9 10 10 10 11
12 12 10 12 12     11 11 12 10 12     12 12 12 11 12     12 11 11 11 12

1  1  1  1  1      1  1  1  1  1      1  1  1  1  1      1  1  2  2  2
3  3  3  4  4      4  4  4  4  4      4  4  4  5  5      5  7  3  3  3
6  6  6  5  5      5  5  5  5  5      6  6  6  6  6      6  8  4  4  4
7  7  7  6  6      6  6  7  7  7      7  8  8  7  7      7  9  5  5  5
8  9 10  7  7      8 10  8  9  9      8  9  9  8  8      8 10  7  7  8
10 10 11  8  9     9 11  9 10 11      9 10 10  9 10     11 11  8 11  9
12 12 12 11 12    10 12 12 12 12     10 11 12 11 11     12 12 10 12 11

2  2  2  2  2      2  2  2  2  2      2  2  2  2  2      2  2  2  2  2
3  3  3  3  3      3  3  3  3  3      3  3  3  3  3      3  3  3  4  4
4  4  4  4  4      4  4  4  5  5      5  5  5  5  5      6  6  6  5  5
5  6  6  6  6      7  8  9  6  6      6  6  7  7  7      7  8  8  6  6
9  7  7  8  9      9  9 10  7  7      8  8  8  9 10      8  9 10  7  7
10  8  9 10 10    10 10 11  9 11      9 10 11 11 11     10 10 11  8  9
12 12 11 11 12    12 12 12 10 12     12 11 12 12 12     11 11 12 12 10
```

Fortsetzung:

```
2  2  2  2  2     2  2  2  2  2     2  2  3  3  3     3  3  3  3  3
4  4  4  4  4     4  4  4  5  5     5  7  4  4  4     4  4  4  4  4
5  5  5  5  5     6  6  6  6  6     6  8  5  5  5     5  5  5  5  6
6  6  7  8  8     7  7  7  7  7     7  9  6  6  6     6  7  7  7  7
8 10  8  9  9     8  8  8  8  9     9 10  7  7  8    10  8  8  8  8
9 11  9 10 11     9 10 11  9 10    10 11  8  9  9    11  9 10 10  9
11 12 11 11 12   12 12 12 10 11    12 12 10 11 12    12 10 11 12 11
```

```
3  3  3  3  3     3  4  4  4  4     5  6
4  4  5  5  5     7  5  5  5  7     7  7
6  6  6  6  6     8  6  6  6  8     8  8
7  7  7  8  8     9  7  8  9  9     9  9
9  9  8  9  9    10 10 10 10 10    10 10
10 11  9 10 11   11 11 11 11 11    11 11
11 12 12 12 12   12 12 12 12 12    12 12
```

## Garantietabelle System 40

| Treffer | 7 | 6 | 5 | 4 | Fälle | Prozent | Gewinn € |
|---|---|---|---|---|---|---|---|
| 12 | 132 | - | - | - | 1 | 100.00 | 132.000 |
| 11 | 55 | 77 | - | - | 12 | 100.00 | 62.700 |
| 10 | 20 | 70 | 42 | - | 66 | 100.00 | 27.504 |
| 9 | 6 | 42 | 63 | 21 | 220 | 100.00 | 10.977 |
| 8 | 2 | 16 | 60 | 44 | 330 | 66.67 | 4.364 |
|  | - | 24 | 48 | 52 | 165 | 33.33 | 3.028 |
| 7 | 1 | 5 | 30 | 70 | 132 | 16.67 | 1.930 |
|  | - | 6 | 36 | 56 | 660 | 83.33 | 1.088 |
| 6 | - | 6 | - | 60 | 22 | 2.38 | 660 |
|  | - | 1 | 15 | 50 | 792 | 85.71 | 330 |
|  | - | - | 18 | 48 | 110 | 11.90 | 264 |
| 5 | - | - | 6 | 20 | 132 | 16.67 | 92 |
|  | - | - | 3 | 31 | 660 | 83.33 | 67 |
| 4 | - | - | - | 10 | 330 | 66.67 | 10 |
|  | - | - | - | 8 | 165 | 33.33 | 8 |

# Systeme für
# Kenotyp 8

# System 41

## 9 Zahlen in 9 Achterreihen (Vollsystem)
## Einsatz: ab 9 Euro

|   | 1 | 2 | 3 | 4 | 5 | 6 | 7 | 8 | 9 |
|---|---|---|---|---|---|---|---|---|---|
| 1 | X | X | X | X | X | X | X |   |   |
| 2 | X | X | X | X | X | X |   |   | X |
| 3 | X | X | X | X | X |   |   | X | X |
| 4 | X | X | X | X |   |   | X | X | X |
| 5 | X | X | X |   |   | X | X | X | X |
| 6 | X | X |   |   | X | X | X | X | X |
| 7 | X |   |   | X | X | X | X | X | X |
| 8 |   |   | X | X | X | X | X | X | X |
| 9 |   | X | X | X | X | X | X | X |   |

### Garantietabelle System 41

| Treffer | 8 | 7 | 6 | 5 | 4 | 0 | Fälle | Prozent | Gewinn € |
|---|---|---|---|---|---|---|---|---|---|
| 9 | 9 | - | - | - | - | - | 1 | 100.00 | 90.000 |
| 8 | 1 | 8 | - | - | - | - | 9 | 100.00 | 10.800 |
| 7 | - | 2 | 7 | - | - | - | 36 | 100.00 | 305 |
| 6 | - | - | 3 | 6 | - | - | 84 | 100.00 | 57 |
| 5 | - | - | - | 4 | 5 | - | 126 | 100.00 | 13 |
| 4 | - | - | - | - | 5 | - | 126 | 100.00 | 5 |
| 1 | - | - | - | - | - | 1 | 9 | 100.00 | 1 |
| 0 | - | - | - | - | - | 9 | 1 | 100.00 | 9 |

System 42

10 Zahlen in 45 Achterreihen (Vollsystem)
Einsatz: ab 45 Euro

|   | 1 | 2 | 3 | 4 | 5 | 6 | 7 | 8 | 9 | 10 | 11 | 12 | 13 | 14 | 15 | 16 | 17 | 18 | 19 | 20 | 21 | 22 | 23 | 24 | 25 |
|---|---|---|---|---|---|---|---|---|---|----|----|----|----|----|----|----|----|----|----|----|----|----|----|----|----|
| 1 | X | X | X | X | X | X | X | X | X | X | X | X | X | X | X | X | X | X | X | X | X | X | X | X | X |
| 2 | X | X | X | X | X | X | X | X | X | X | X | X | X | X | X | X | X | X | X | X | X | X | X | X | X |
| 3 | X | X | X | X | X | X | X | X | X | X | X | X | X | X | X | X | X | X | X | X | X | X |   |   |   |
| 4 | X | X | X | X | X | X | X | X | X | X | X | X |   |   |   |   |   |   |   |   |   | X | X | X | X |
| 5 | X | X | X | X | X | X | X | X | X |   |   |   |   |   | X | X | X | X | X |   |   | X | X | X | X |
| 6 | X | X | X | X | X | X |   |   |   | X | X | X |   |   | X | X | X | X |   |   | X | X | X | X |   |
| 7 | X | X | X |   |   | X | X | X |   |   | X | X | X |   |   | X | X | X | X |   | X | X | X | X |   |
| 8 | X |   | X | X |   | X | X |   | X | X | X |   |   | X | X | X | X |   | X | X | X | X |   |   | X |
| 9 |   | X |   | X |   | X | X |   | X | X | X |   | X | X | X |   |   | X | X | X | X |   |   | X | X |
| 10|   | X |   | X | X |   | X | X |   | X | X |   | X | X | X |   | X | X | X | X |   |   |   | X | X |

|    | 26 | 27 | 28 | 29 | 30 | 31 | 32 | 33 | 34 | 35 | 36 | 37 | 38 | 39 | 40 | 41 | 42 | 43 | 44 | 45 |
|----|----|----|----|----|----|----|----|----|----|----|----|----|----|----|----|----|----|----|----|----|
| 1  | X | X | X | X | X | X | X | X | X | X | X |   |   |   |   |   |   |   |   |   |
| 2  | X | X | X |   |   |   |   |   |   |   |   | X | X | X | X | X | X | X |   |   |
| 3  |   |   | X | X | X | X | X | X |   |   |   | X | X | X | X | X | X |   |   | X |
| 4  | X | X |   | X | X | X | X | X |   |   | X | X | X | X | X | X |   |   | X | X |
| 5  | X |   | X | X | X | X | X |   |   | X | X | X | X | X | X |   |   | X | X | X |
| 6  |   | X | X | X | X | X | X |   | X | X | X | X | X | X |   |   | X | X | X |   |
| 7  | X | X | X | X | X |   | X | X | X | X | X | X |   |   | X | X | X | X |   | X |
| 8  | X | X | X | X |   | X | X | X | X | X | X |   |   | X | X | X | X |   | X | X |
| 9  | X | X | X | X |   | X | X | X | X | X |   |   | X | X | X | X |   | X | X | X |
| 10 | X | X | X |   | X | X | X | X | X |   |   | X | X | X | X | X | X | X | X | X |

Garantietabelle System 42

| Treffer | 8 | 7 | 6 | 5 | 4 | 0 | Fälle | Prozent | Gewinn € |
|---------|----|----|----|----|----|----|------|---------|----------|
| 10 | 45 | - | - | - | - | - | 1 | 100.00 | 450.000 |
| 9  | 9 | 36 | - | - | - | - | 10 | 100.00 | 93.600 |
| 8  | 1 | 16 | 28 | - | - | - | 45 | 100.00 | 12.020 |
| 7  | - | 3 | 21 | 21 | - | - | 120 | 100.00 | 657 |
| 6  | - | - | 6 | 24 | 15 | - | 210 | 100.00 | 153 |
| 5  | - | - | - | 10 | 25 | - | 252 | 100.00 | 45 |
| 4  | - | - | - | - | 15 | - | 210 | 100.00 | 15 |
| 2  | - | - | - | - | - | 1 | 45 | 100.00 | 1 |
| 1  | - | - | - | - | - | 9 | 10 | 100.00 | 9 |
| 0  | - | - | - | - | - | 45 | 1 | 100.00 | 45 |

# System 43

## 12 Zahlen in 6 Achterreihen (VEW-System)
## Einsatz: ab 6 Euro

|   | 1 | 2 | 3 | 4 | 5 | 6 |
|---|---|---|---|---|---|---|
| 1 | X | X | X | X |   |   |
| 2 | X | X | X |   | X |   |
| 3 | X | X | X | X |   |   |
| 4 | X | X | X |   | X |   |
| 5 | X | X |   | X |   | X |
| 6 | X |   |   | X | X | X |
| 7 | X | X |   | X |   | X |
| 8 | X |   |   | X | X | X |
| 9 |   | X | X |   | X | X |
| 10 |   |   | X | X | X | X |
| 11 |   | X | X |   | X | X |
| 12 |   |   | X | X | X | X |

### Garantietabelle System 43

| Treffer | 8 | 7 | 6 | 5 | 4 | 0 | Fälle | Prozent | Gewinn € |
|---|---|---|---|---|---|---|---|---|---|
| 12 | 6 | - | - | - | - | - | 1 | 100.00 | 60.000 |
| 11 | 2 | 4 | - | - | - | - | 12 | 100.00 | 20.400 |
| 10 | 2 | - | 4 | - | - | - | 6 | 9.09 | 20.060 |
|    | 1 | 2 | 3 | - | - | - | 24 | 36.36 | 10.245 |
|    | - | 4 | 2 | - | - | - | 36 | 54.55 | 430 |
| 9  | 1 | 1 | 1 | 3 | - | - | 24 | 10.91 | 10.121 |
|    | - | 2 | 2 | 2 | - | - | 84 | 38.18 | 234 |
|    | - | 1 | 4 | 1 | - | - | 96 | 43.64 | 162 |
|    | - | - | 6 | - | - | - | 16 | 7.27 | 90 |
| 8  | 1 | - | 2 | - | 3 | - | 6 | 1.21 | 10.033 |
|    | - | 2 | - | 2 | 2 | - | 24 | 4.85 | 206 |
|    | - | 1 | 2 | 1 | 2 | - | 48 | 9.70 | 134 |
|    | - | 1 | 1 | 3 | 1 | - | 96 | 19.39 | 122 |
|    | - | - | 4 | - | 2 | - | 9 | 1.82 | 62 |
|    | - | - | 3 | 2 | 1 | - | 144 | 29.09 | 50 |
|    | - | - | 2 | 4 | - | - | 168 | 33.94 | 38 |
| 7  | - | 1 | 1 | 1 | 1 | - | 24 | 3.03 | 118 |
|    | - | 1 | - | 2 | 2 | - | 24 | 3.03 | 106 |
|    | - | - | 2 | 2 | - | - | 12 | 1.52 | 34 |
|    | - | - | 2 | 1 | 2 | - | 96 | 12.12 | 34 |
|    | - | - | 2 | - | 4 | - | 48 | 6.06 | 34 |
|    | - | - | 1 | 3 | 1 | - | 144 | 18.18 | 22 |
|    | - | - | 1 | 2 | 3 | - | 192 | 24.24 | 22 |
|    | - | - | - | 4 | 2 | - | 252 | 31.82 | 10 |
| 6  | - | - | 2 | - | 2 | - | 6 | 0.65 | 32 |
|    | - | - | 1 | 2 | - | - | 24 | 2.60 | 19 |
|    | - | - | 1 | 1 | 2 | - | 48 | 5.19 | 19 |
|    | - | - | 1 | 1 | 1 | - | 48 | 5.19 | 18 |
|    | - | - | 1 | - | 4 | - | 12 | 1.30 | 19 |
|    | - | - | 1 | - | 3 | - | 24 | 2.60 | 18 |
|    | - | - | - | 3 | 1 | - | 48 | 5.19 | 7 |
|    | - | - | - | 2 | 3 | - | 24 | 2.60 | 7 |
|    | - | - | - | 2 | 2 | - | 384 | 41.56 | 6 |
|    | - | - | - | 1 | 4 | - | 240 | 25.97 | 6 |
|    | - | - | - | - | 6 | - | 66 | 7.14 | 6 |
| 5  | - | - | - | 2 | 1 | - | 24 | 3.03 | 5 |
|    | - | - | - | 2 | - | - | 12 | 1.52 | 4 |
|    | - | - | - | 1 | 2 | - | 24 | 3.03 | 4 |
|    | - | - | - | 1 | 2 | - | 96 | 12.12 | 4 |
|    | - | - | - | 1 | 1 | - | 144 | 18.18 | 3 |
|    | - | - | - | - | 4 | - | 48 | 6.06 | 4 |
|    | - | - | - | - | 3 | - | 192 | 24.24 | 3 |
|    | - | - | - | - | 2 | - | 252 | 31.82 | 2 |
| 4  | - | - | - | - | 3 | 1 | 6 | 1.21 | 4 |
|    | - | - | - | - | 2 | - | 24 | 4.85 | 2 |
|    | - | - | - | - | 2 | - | 48 | 9.70 | 2 |
|    | - | - | - | - | 2 | - | 9 | 1.82 | 2 |
|    | - | - | - | - | 1 | - | 96 | 19.39 | 1 |
|    | - | - | - | - | 1 | - | 144 | 29.09 | 1 |
|    | - | - | - | - | - | - | 168 | 33.94 | 0 |
| 3  | - | - | - | - | - | 1 | 24 | 10.91 | 1 |
|    | - | - | - | - | - | - | 196 | 89.09 | 0 |
| 2  | - | - | - | - | - | 2 | 6 | 9.09 | 2 |
|    | - | - | - | - | - | 1 | 24 | 36.36 | 1 |
|    | - | - | - | - | - | - | 36 | 54.55 | 0 |
| 1  | - | - | - | - | - | 2 | 12 | 100.00 | 2 |
| 0  | - | - | - | - | - | 6 | 1 | 100.00 | 6 |

## System 44

### 12 Zahlen in 15 Achterreihen (VEW-System)
### Einsatz: ab 15 Euro

|   | 1 | 2 | 3 | 4 | 5 | 6 | 7 | 8 | 9 | 10 | 11 | 12 | 13 | 14 | 15 |
|---|---|---|---|---|---|---|---|---|---|----|----|----|----|----|----|
| 1 | X | X | X | X | X | X | X | X | X |    |    |    |    |    |    |
| 2 | X | X | X | X | X |   |   |   | X | X  | X  |    |    |    |    |
| 3 | X | X | X |   |   | X | X | X |   | X  | X  | X  |    |    | X  |
| 4 | X |   |   | X | X |   | X | X |   | X  | X  | X  |    | X  | X  |
| 5 | X | X | X | X | X | X | X | X | X |    |    |    |    |    |    |
| 6 | X | X | X | X | X |   |   |   | X | X  | X  | X  |    |    |    |
| 7 | X | X | X |   |   | X | X | X |   | X  | X  | X  |    |    | X  |
| 8 | X |   |   | X | X |   | X | X |   | X  | X  | X  |    | X  | X  |
| 9 |   | X |   | X |   | X | X |   | X | X  | X  |    | X  | X  |    |
| 10|   |   | X |   | X | X |   | X | X | X  |    | X  | X  | X  |    |
| 11|   | X |   | X |   | X | X |   | X | X  | X  |    | X  | X  | X  |
| 12|   |   | X |   | X | X |   | X | X | X  |    | X  | X  | X  | X  |

### Garantietabelle System 44

| Treffer | 8 | 7 | 6 | 5 | 4 | 0 | Fälle | Prozent | Gewinn € |
|---|---|---|---|---|---|---|---|---|---|
| 12 | 15 | - | - | - | - | - | 1 | 100.00 | 150.000 |
| 11 | 5 | 10 | - | - | - | - | 12 | 100.00 | 51.000 |
| 10 | 5 | - | 10 | - | - | - | 6 | 9.09 | 50.150 |
|    | 1 | 8 | 6 | - | - | - | 60 | 90.91 | 10.890 |
| 9 | 1 | 4 | 4 | 6 | - | - | 60 | 27.27 | 10.472 |
|   | - | 3 | 9 | 3 | - | - | 160 | 72.73 | 441 |
| 8 | 1 | - | 8 | - | 6 | - | 15 | 3.03 | 10.126 |
|   | - | 2 | 4 | 6 | 3 | - | 240 | 48.48 | 275 |
|   | - | - | 6 | 8 | 1 | - | 240 | 48.48 | 107 |
| 7 | - | 1 | 2 | 6 | 3 | - | 120 | 15.15 | 145 |
|   | - | - | 3 | 5 | 6 | - | 480 | 60.61 | 61 |
|   | - | - | - | 10 | 5 | - | 192 | 24.24 | 25 |
| 6 | - | - | 3 | - | 9 | - | 20 | 2.16 | 54 |
|   | - | - | 1 | 4 | 5 | - | 360 | 38.96 | 28 |
|   | - | - | - | 4 | 7 | - | 480 | 51.95 | 15 |
|   | - | - | - | - | 15 | - | 64 | 6.93 | 15 |
| 5 | - | - | - | 3 | 3 | - | 120 | 15.15 | 9 |
|   | - | - | - | 1 | 6 | - | 480 | 60.61 | 8 |
|   | - | - | - | - | 5 | - | 192 | 24.24 | 5 |
| 4 | - | - | - | - | 6 | 1 | 15 | 3.03 | 7 |
|   | - | - | - | - | 3 | - | 240 | 48.48 | 3 |
|   | - | - | - | - | 1 | - | 240 | 48.48 | 1 |
| 3 | - | - | - | - | - | 1 | 60 | 27.27 | 1 |
|   | - | - | - | - | - | - | 160 | 72.73 | 0 |
| 2 | - | - | - | - | - | 5 | 6 | 9.09 | 5 |
|   | - | - | - | - | - | 1 | 60 | 90.91 | 1 |
| 1 | - | - | - | - | - | 5 | 12 | 100.00 | 5 |
| 0 | - | - | - | - | - | 15 | 1 | 100.00 | 15 |

System 45

14 Zahlen in 21 Achterreihen (VEW-System)
Einsatz: ab 21 Euro

|    | 1 | 2 | 3 | 4 | 5 | 6 | 7 | 8 | 9 | 10 | 11 | 12 | 13 | 14 | 15 | 16 | 17 | 18 | 19 | 20 | 21 |
|----|---|---|---|---|---|---|---|---|---|----|----|----|----|----|----|----|----|----|----|----|----|
| 1  | X | X | X | X | X | X | X | X | X | X  |    |    |    |    |    |    |    |    |    |    |    |
| 2  | X | X | X | X | X | X | X | X |   |    |    |    | X  | X  | X  |    |    |    |    |    |    |
| 3  | X | X | X | X | X |   |   |   | X |    |    |    | X  | X  | X  | X  | X  |    |    |    |    |
| 4  | X | X | X |   | X |   |   | X |   |    |    |    | X  | X  |    | X  | X  | X  | X  |    |    |
| 5  | X |   |   | X |   | X | X |   | X | X  |    | X  |    |    | X  | X  |    |    | X  | X  | X  |
| 6  |   | X |   | X |   |   | X | X |   | X  | X  | X  |    |    | X  |    |    | X  |    |    | X  |
| 7  |   |   | X |   | X |   | X |   |   | X  | X  |    |    | X  | X  | X  |    |    | X  | X  |    |
| 8  | X |   | X | X |   | X |   |   | X | X  |    |    |    | X  | X  | X  |    |    | X  |    |    |
| 9  | X |   | X |   |   | X |   | X | X |    | X  |    | X  | X  |    |    | X  | X  | X  |    |    |
| 10 | X |   |   |   |   |   | X | X | X |    | X  |    |    | X  |    | X  |    | X  | X  | X  | X  |
| 11 |   | X |   | X |   |   | X | X | X |    |    | X  | X  | X  | X  |    | X  |    | X  |    | X  |
| 12 |   | X |   | X | X |   |   |   | X |    |    | X  |    | X  | X  | X  | X  | X  |    |    | X  |
| 13 |   | X |   |   | X | X |   | X |   | X  |    | X  |    | X  |    | X  |    |    | X  | X  | X  |
| 14 |   |   | X |   | X | X |   | X | X | X  | X  |    | X  |    |    |    | X  |    |    | X  | X  |

Garantietabelle nächste Seite

# Garantietabelle System 45

| Treffer | 8 | 7 | 6 | 5 | 4 | Fälle | Prozent |
|---|---|---|---|---|---|---|---|
| 14 | 21 | - | - | - | - | 1 | 100.00 |
| 13 | 9 | 12 | - | - | - | 14 | 100.00 |
| 12 | 6 | 6 | 9 | - | - | 7 | 7.69 |
|  | 5 | 8 | 8 | - | - | 21 | 23.08 |
|  | 3 | 12 | 6 | - | - | 42 | 46.15 |
|  | 2 | 14 | 5 | - | - | 21 | 23.08 |
| 11 | 3 | 5 | 8 | 5 | - | 42 | 11.54 |
|  | 2 | 7 | 7 | 5 | - | 42 | 11.54 |
|  | 1 | 6-8 | 8-12 | 2-4 | - | 210 | 57.69 |
|  | - | 9 | 9 | 3 | - | 28 | 7.69 |
|  | - | 7 | 13 | 1 | - | 42 | 11.54 |
| 10 | 2 | 2 | 9 | 4 | 4 | 21 | 2.10 |
|  | 1 | 0-5 | 4-14 | 4-9 | 2-3 | 273 | 27.27 |
|  | - | 6 | 5-6 | 6-8 | 2-3 | 56 | 5.59 |
|  | - | 5 | 6-7 | 7-9 | 1-2 | 168 | 16.78 |
|  | - | 4 | 8-9 | 6-8 | 1-2 | 147 | 14.69 |
|  | - | 3 | 9-10 | 7-9 | 0-1 | 154 | 15.38 |
|  | - | 2 | 11-12 | 6-8 | 0-1 | 168 | 16.78 |
|  | - | - | 15 | 6 | - | 14 | 1.40 |
| 9 | 1 | 0-1 | 5-6 | 7-12 | 1-4 | 126 | 6.29 |
|  | - | 4 | 3 | 7 | 6 | 42 | 2.10 |
|  | - | 3 | 4-6 | 3-8 | 4-9 | 140 | 6.99 |
|  | - | 2 | 4-7 | 4-11 | 2-8 | 546 | 27.27 |
|  | - | 1 | 3-8 | 6-15 | 2-6 | 756 | 37.76 |
|  | - | - | 9 | 6 | 6 | 42 | 2.10 |
|  | - | - | 8 | 8 | 5 | 42 | 2.10 |
|  | - | - | 7 | 10 | 4 | 126 | 6.29 |
|  | - | - | 6 | 12 | 3 | 140 | 6.99 |
|  | - | - | 5 | 14 | 2 | 42 | 2.10 |
| 8 | 1 | - | 2 | 8 | 8 | 21 | 0.70 |
|  | - | 2 | 0-2 | 6-11 | 4-8 | 84 | 2.80 |
|  | - | 1 | 0-5 | 4-11 | 3-9 | 840 | 27.97 |
|  | - | - | 6 | 4-6 | 3-8 | 77 | 2.56 |
|  | - | - | 5 | 5-6 | 6-8 | 357 | 11.89 |
|  | - | - | 4 | 5-8 | 5-11 | 336 | 11.19 |
|  | - | - | 3 | 6-12 | 0-12 | 637 | 21.21 |
|  | - | - | 2 | 9-11 | 5-9 | 357 | 11.89 |
|  | - | - | 1 | 10-11 | 8-10 | 273 | 9.09 |
|  | - | - | - | 12 | 9 | 21 | 0.70 |
| 7 | - | 1 | 0-1 | 2-6 | 7-13 | 168 | 4.90 |
|  | - | - | 3 | 3-6 | 3-8 | 140 | 4.08 |
|  | - | - | 2 | 2-6 | 5-13 | 924 | 26.92 |
|  | - | - | 1 | 3-7 | 5-13 | 1176 | 34.27 |
|  | - | - | - | 9 | 3 | 14 | 0.41 |
|  | - | - | - | 8 | 5-7 | 168 | 4.90 |
|  | - | - | - | 7 | 7-8 | 252 | 7.34 |
|  | - | - | - | 6 | 9-10 | 238 | 6.93 |
|  | - | - | - | 5 | 11-12 | 126 | 3.67 |
|  | - | - | - | 4 | 13 | 168 | 4.90 |
|  | - | - | - | 3 | 15 | 56 | 1.63 |
|  | - | - | - | - | 21 | 2 | 0.06 |
| 6 | - | - | 2 | - | 8 | 21 | 0.70 |
|  | - | - | 1 | 1-3 | 4-8 | 546 | 18.18 |
|  | - | - | - | 6 | 0-3 | 21 | 0.70 |
|  | - | - | - | 5 | 3-5 | 168 | 5.59 |
|  | - | - | - | 4 | 4-7 | 357 | 11.89 |
|  | - | - | - | 3 | 5-9 | 546 | 18.18 |
|  | - | - | - | 2 | 7-9 | 819 | 27.27 |
|  | - | - | - | 1 | 8-11 | 378 | 12.59 |
|  | - | - | - | - | 12 | 21 | 0.70 |
|  | - | - | - | - | 10 | 105 | 3.50 |
|  | - | - | - | - | 9 | 21 | 0.70 |

| Treffer | 8 | 7 | 6 | 5 | 4 | Fälle | Prozent |
|---|---|---|---|---|---|---|---|
| 5 | - | - | - | 2 | 1-4 | 210 | 10.49 |
|  | - | - | - | 1 | 2-6 | 756 | 37.76 |
|  | - | - | - | - | 9 | 14 | 0.70 |
|  | - | - | - | - | 8 | 42 | 2.10 |
|  | - | - | - | - | 7 | 84 | 4.20 |
|  | - | - | - | - | 6 | 168 | 8.39 |
|  | - | - | - | - | 5 | 294 | 14.69 |
|  | - | - | - | - | 4 | 210 | 10.49 |
|  | - | - | - | - | 3 | 140 | 6.99 |
|  | - | - | - | - | 2 | 84 | 4.20 |
| 4 | - | - | - | - | 4 | 21 | 2.10 |
|  | - | - | - | - | 3 | 98 | 9.79 |
|  | - | - | - | - | 2 | 399 | 39.86 |
|  | - | - | - | - | 1 | 294 | 29.37 |
|  | - | - | - | - | - | 112 | 11.19 |
|  | - | - | - | - | - | 63 | 6.29 |
|  | - | - | - | - | - | 14 | 1.40 |
| 3 | - | - | - | - | - | 84 | 23.08 |
|  | - | - | - | - | - | 42 | 11.54 |
|  | - | - | - | - | - | 154 | 42.31 |
|  | - | - | - | - | - | 42 | 11.54 |
|  | - | - | - | - | - | 42 | 11.54 |
| 2 | - | - | - | - | - | 7 | 7.69 |
|  | - | - | - | - | - | 21 | 23.08 |
|  | - | - | - | - | - | 42 | 46.15 |
|  | - | - | - | - | - | 21 | 23.08 |
| 1 | - | - | - | - | - | 14 | 100.00 |

Achtung: Bei dieser Garantietabelle wurde der Gewinnrang, der durch 0 Treffer entsteht, nicht berücksichtigt.

# System 46

## 15 Zahlen in 15 Achterreihen (VEW-System)
## Einsatz: ab 15 Euro

|   | 1 | 2 | 3 | 4 | 5 | 6 | 7 | 8 | 9 | 10 | 11 | 12 | 13 | 14 | 15 |
|---|---|---|---|---|---|---|---|---|---|----|----|----|----|----|----|
| 1 | X | X | X | X | X | X | X | X |   |    |    |    |    |    |    |
| 2 | X | X | X | X |   |   |   |   | X | X  | X  |    |    |    |    |
| 3 | X | X | X |   | X |   |   | X |   |    |    | X  | X  | X  |    |
| 4 | X | X |   |   | X | X |   | X | X |    |    | X  | X  |    |    |
| 5 | X |   | X |   |   | X |   | X |   | X  |    | X  | X  |    | X  |
| 6 | X |   |   | X | X | X |   |   |   |    | X  | X  |    | X  | X  |
| 7 | X |   |   | X |   |   | X | X | X | X  |    |    | X  | X  |    |
| 8 | X |   |   | X |   |   | X | X | X |    | X  | X  | X  |    |    |
| 9 |   |   | X | X |   |   | X | X |   |    | X  | X  |    | X  | X  |
| 10|   | X |   | X | X |   | X |   |   | X  |    | X  | X  |    | X  |
| 11|   | X |   | X |   | X |   | X | X |    | X  |    | X  |    | X  |
| 12|   | X |   |   | X | X |   | X | X | X  |    | X  |    | X  |    |
| 13|   |   | X | X | X |   |   | X |   | X  | X  |    | X  | X  |    |
| 14|   |   | X | X |   | X | X |   | X |    |    | X  | X  | X  |    |
| 15|   |   | X |   |   | X | X | X |   | X  | X  | X  |    |    | X  |

## Garantietabelle System 46

| Treffer | 8 | 7 | 6 | 5 | 4 | Fälle | Prozent |
|---|---|---|---|---|---|---|---|
| 15 | 15 | - | - | - | - | 1 | 100.00 |
| 14 | 7 | 8 | - | - | - | 15 | 100.00 |
| 13 | 3 | 8 | 4 | - | - | 105 | 100.00 |
| 12 | 3 | - | 12 | - | - | 19 | 4.18 |
|    | 2 | 3 | 9 | 1 | - | 48 | 10.55 |
|    | 1 | 6 | 6 | 2 | - | 372 | 81.76 |
|    | - | 9 | 3 | 3 | - | 16 | 3.52 |
| 11 | 1 | 0-2 | 6-12 | 0-6 | 0-2 | 525 | 38.46 |
|    | - | 5 | 3 | 7 | - | 48 | 3.52 |
|    | - | 4 | 6 | 4 | 1 | 744 | 54.51 |
|    | - | 3 | 9 | 1 | 2 | 48 | 3.52 |
| 10 | 1 | - | 4 | 8 | 2 | 315 | 10.49 |
|    | - | 3 | 1 | 9 | 2 | 48 | 1.60 |
|    | - | 2 | 3-4 | 6-9 | 0-3 | 1536 | 51.15 |
|    | - | 1 | 6-7 | 3-6 | 1-4 | 984 | 32.77 |
|    | - | - | 10 | - | 5 | 72 | 2.40 |
|    | - | - | 9 | 3 | 2 | 48 | 1.60 |
| 9 | 1 | - | - | 8 | 6 | 105 | 2.10 |
|   | - | 1 | 1-3 | 3-9 | 2-8 | 2520 | 50.35 |
|   | - | - | 6 | - | 9 | 120 | 2.40 |
|   | - | - | 5 | 3 | 6 | 336 | 6.71 |
|   | - | - | 4 | 6 | 3 | 1488 | 29.73 |
|   | - | - | 3 | 8-9 | 0-3 | 436 | 8.71 |
| 8 | 1 | - | - | - | 14 | 15 | 0.23 |
|   | - | 1 | - | 4 | 7 | 840 | 13.05 |
|   | - | - | 3 | 0-1 | 8-11 | 372 | 5.78 |
|   | - | - | 2 | 3-4 | 5-8 | 2664 | 41.40 |
|   | - | - | 1 | 6-7 | 2-5 | 2376 | 36.92 |
|   | - | - | - | 9 | 2 | 48 | 0.75 |
|   | - | - | - | 7 | 7 | 120 | 1.86 |
| 7 | - | 1 | - | - | 7 | 120 | 1.86 |
|   | - | - | 1 | 0-3 | 2-11 | 2940 | 45.69 |
|   | - | - | - | 5 | 2 | 144 | 2.24 |
|   | - | - | - | 4 | 5 | 2232 | 34.69 |
|   | - | - | - | 3 | 7-8 | 984 | 15.29 |
|   | - | - | - | - | 14 | 15 | 0.23 |
| 6 | - | - | 1 | - | 3 | 420 | 8.39 |
|   | - | - | - | 3 | - | 16 | 0.32 |
|   | - | - | - | 2 | 2-3 | 1632 | 32.61 |
|   | - | - | - | 1 | 5-6 | 2568 | 51.31 |
|   | - | - | - | - | 9 | 120 | 2.40 |
|   | - | - | - | - | 8 | 144 | 2.88 |
|   | - | - | - | - | 6 | 105 | 2.10 |
| 5 | - | - | - | 1 | 0-2 | 840 | 27.97 |
|   | - | - | - | - | 5 | 72 | 2.40 |
|   | - | - | - | - | 4 | 240 | 7.99 |
|   | - | - | - | - | 3 | 1488 | 49.55 |
|   | - | - | - | - | 2 | 363 | 12.09 |
| 4 | - | - | - | - | 2 | 105 | 7.69 |
|   | - | - | - | - | 1 | 840 | 61.54 |
|   | - | - | - | - | - | 420 | 30.77 |

# System 47

## 16 Zahlen in 6 Achterreihen (VEW-System)
## Einsatz: ab 6 Euro

|    | 1 | 2 | 3 | 4 | 5 | 6 |
|----|---|---|---|---|---|---|
| 1  | X | X | X |   |   |   |
| 2  | X | X | X |   |   |   |
| 3  | X | X | X |   |   |   |
| 4  | X | X | X |   |   |   |
| 5  | X |   |   | X | X |   |
| 6  | X |   |   | X | X |   |
| 7  | X |   |   | X | X |   |
| 8  | X |   |   | X | X |   |
| 9  |   | X |   | X |   | X |
| 10 |   | X |   | X |   | X |
| 11 |   | X |   | X |   | X |
| 12 |   | X |   | X |   | X |
| 13 |   |   | X |   | X | X |
| 14 |   |   | X |   | X | X |
| 15 |   |   | X |   | X | X |
| 16 |   |   | X |   | X | X |

## Garantietabelle System 47

| Treffer | 8 | 7 | 6 | 5 | 4 | Fälle | Prozent |
|---------|---|---|---|---|---|-------|---------|
| 16 | 6 | - | - | - | - | 1 | 100.00 |
| 15 | 3 | 3 | - | - | - | 16 | 100.00 |
| 14 | 3 | - | 3 | - | - | 24 | 20.00 |
|    | 1 | 4 | 1 | - | - | 96 | 80.00 |
| 13 | 3 | - | - | 3 | - | 16 | 2.86 |
|    | 1 | 2 | 2 | 1 | - | 288 | 51.43 |
|    | - | 3 | 3 | - | - | 256 | 45.71 |
| 12 | 3 | - | - | - | 3 | 4 | 0.22 |
|    | 1 | 0-2 | 0-4 | 0-2 | 1 | 408 | 22.42 |
|    | - | 2 | 2 | 2 | - | 1152 | 63.30 |
|    | - | - | 6 | - | - | 256 | 14.07 |
| 11 | 1 | 0-2 | 0-2 | 0-2 | 0-2 | 336 | 7.69 |
|    | - | 2 | 1 | 1 | 2 | 768 | 17.58 |
|    | - | 1 | 2 | 2 | 1 | 1728 | 39.56 |
|    | - | - | 3 | 3 | - | 1536 | 35.16 |
| 10 | 1 | - | 0-2 | 0-4 | 0-2 | 168 | 2.10 |
|    | - | 2 | 1 | - | 1 | 192 | 2.40 |
|    | - | 1 | 1 | 2 | 1 | 2304 | 28.77 |
|    | - | - | - | 3 | - | 1888 | 23.58 |
|    | - | - | - | 1 | 4 | 1 | 3456 | 43.16 |

| Treffer | 8 | 7 | 6 | 5 | 4 | Fälle | Prozent |
|---------|---|---|---|---|---|-------|---------|
| 9 | 1 | - | - | 2 | 2 | 48 | 0.42 |
|   | - | 1 | 0-1 | 1-2 | 1-2 | 1344 | 11.75 |
|   | - | - | 3 | - | - | 256 | 2.24 |
|   | - | - | 2 | 1 | 1 | 1728 | 15.10 |
|   | - | - | 1 | 2 | 2 | 4608 | 40.28 |
|   | - | - | - | 3 | 3 | 3456 | 30.21 |
| 8 | 1 | - | - | - | 4 | 6 | 0.05 |
|   | - | 1 | - | 1 | 2 | 384 | 2.98 |
|   | - | - | 2 | - | 2 | 432 | 3.36 |
|   | - | - | 1 | 0-2 | 0-4 | 3840 | 29.84 |
|   | - | - | - | 2 | 2 | 6912 | 53.71 |
|   | - | - | - | - | 6 | 1296 | 10.07 |
| 7 | - | 1 | - | - | 2 | 48 | 0.42 |
|   | - | - | 1 | 0-1 | 1-2 | 1344 | 11.75 |
|   | - | - | 3 | - | - | 256 | 2.24 |
|   | - | - | 2 | 1 | - | 1728 | 15.10 |
|   | - | - | 1 | 2 | - | 4608 | 40.28 |
|   | - | - | - | 3 | - | 3456 | 30.21 |
| 6 | - | - | 1 | - | 0-2 | 168 | 2.10 |
|   | - | - | - | 2 | 1 | 192 | 2.40 |
|   | - | - | - | 1 | 1 | 2304 | 28.77 |
|   | - | - | - | - | 3 | 1888 | 23.58 |
|   | - | - | - | - | 1 | 3456 | 43.16 |
| 5 | - | - | - | 1 | 0-2 | 336 | 7.69 |
|   | - | - | - | - | 2 | 768 | 17.58 |
|   | - | - | - | - | 1 | 1728 | 39.56 |
|   | - | - | - | - | - | 1536 | 35.16 |
| 4 | - | - | - | - | 3 | 4 | 0.22 |
|   | - | - | - | - | 1 | 408 | 22.42 |
|   | - | - | - | - | - | 1152 | 63.30 |
|   | - | - | - | - | - | 256 | 14.07 |
| 3 | - | - | - | - | - | 16 | 2.86 |
|   | - | - | - | - | - | 288 | 51.43 |
|   | - | - | - | - | - | 256 | 45.71 |
| 2 | - | - | - | - | - | 24 | 20.00 |
|   | - | - | - | - | - | 96 | 80.00 |
| 1 | - | - | - | - | - | 16 | 100.00 |

# System 48

**16 Zahlen in 150 Achterreihen (VEW-System)**
**Einsatz: ab 150 Euro**

```
 1  1  1  1  1     1  1  1  1  1     1  1  1  1  1     1  1  1  1  1
 2  2  2  2  2     2  2  2  2  2     2  2  2  2  2     2  2  2  2  2
 3  3  3  3  3     3  3  3  3  3     3  3  4  4  4     4  4  4  5  5
 4  4  4  4  4     4  5  5  5  6     8  8  5  5  6     6  7  7  6  6
 5  5  6  7  9    10  6  9 10  7     9 12  6  7  9    10  9 11  7  9
 6  7  8  8 12    11  7 11 13  8    10 13  8  8 13    11 10 13  8 11
 9 13 14 11 13    14 12 12 14 10    11 14 11  9 14    12 12 14 13 14
10 15 16 12 16    15 16 15 16 15    16 15 15 16 15    16 15 16 14 16

 1  1  1  1  1     1  1  1  1  1     1  1  1  1  1     1  1  1  1  1
 2  2  2  2  2     2  2  2  3  3     3  3  3  3  3     3  3  3  3  3
 5  5  5  6  6     7  7  9  4  4     4  4  4  4  5     5  5  5  5  6
 6  8  8  7  7     8  8 10  5  5     6  6  7  7  6     7  7  8  8  7
10  9 11  9 11     9 10 11  6  7     9 10  9 12  7     9 11  9 10  9
12 10 12 10 12    11 12 12  8  8    11 13 10 14  8    10 12 12 11 12
13 14 13 13 14    13 14 13 12 10    12 15 11 15  9    15 13 14 13 13
15 15 16 16 15    15 16 14 13 14    14 16 13 16 11    16 14 16 15 15

 1  1  1  1  1     1  1  1  1  1     1  1  1  1  1     1  1  1  1  1
 3  3  3  3  4     4  4  4  4  4     4  4  4  4  5     5  5  6  6  8
 6  6  6  9  5     5  5  5  5  5     6  6  7  7  6     6 10  7  7  9
 7  8  8 11  6     6  7  7  8  8     8  8  8  8  7     7 11  8  8 10
10  9 11 13  9    10  9 10  9 13     9 10  9 10  9    11 12  9 10 12
11 10 12 14 12    11 11 12 10 14    11 12 12 11 10    13 14 14 11 13
14 13 15 15 15    13 14 13 11 15    13 14 13 15 12    15 15 15 12 15
16 14 16 16 16    14 15 16 12 16    16 15 14 16 14    16 16 16 13 16

 2  2  2  2  2     2  2  2  2  2     2  2  2  2  2     2  2  2  2  2
 3  3  3  3  3     3  3  3  3  3     3  3  3  3  3     3  4  4  4  4
 4  4  4  4  4     4  5  5  5  5     6  6  6  6  7     7  5  5  5  5
 5  5  5  6  8     8  6  6  7  7     7  7  8  8  8     8  6  7  7  8
 6  9 10  7  9    11  9 10  9 10     9 13  9 10  9    10  7  9 11  9
 7 14 11  8 10    13 12 11 11 12    10 14 11 12 12    11  8 10 12 12
11 15 12  9 12    15 13 15 13 14    11 15 14 13 15    13 10 13 15 13
14 16 13 13 14    16 14 16 16 15    12 16 15 16 16    14 12 14 16 15
```

Fortsetzung System 48

```
 2  2  2  2  2     2  2  2  2  2     2  2  3  3  3     3  3  3  3  3
 4  4  4  4  4     4  5  5  5  5     6  7  4  4  4     4  4  4  4  4
 5  6  6  6  6    10  6  6  7  7     9  9  5  5  5     5  5  6  6  7
 8  7  7  8  8    12  8  8  8  8    11 10  6  6  6     8  8  7  7  8
10  9 10  9 11    13  9 12  9 10    12 11  7  9 10     9 11  9 11  9
11 12 11 10 12    14 10 14 11 13    13 14  8 11 12    10 12 10 12 11
14 14 13 15 13    15 11 15 12 15    15 15 15 13 14    13 14 14 13 14
16 16 15 16 14    16 13 16 14 16    16 16 16 15 16    16 15 15 16 16

 3  3  3  3  3     3  3  3  4  4     4  4  4  4  5     5  5  5  6  7
 4  4  5  5  5     5  6  7  5  5     5  6  6  8  6     6  6  7  8  8
 7  9  6  6  7     7 10  9  6  6     9  7  7  9  7     7  9  9  9 11
 8 10  8  8  8     8 11 10  7  7    11  8  8 10  8     8 10 10 10 12
10 11  9 11  9    10 12 12  9 12    12  9 10 11  9    10 13 11 11 13
12 12 10 13 13    11 13 13 10 13    13 11 13 13 12    11 14 12 12 14
13 15 12 14 14    12 14 14 11 14    14 12 14 14 13    14 15 13 14 15
15 16 15 16 15    16 15 16 16 15    16 15 16 15 16    15 16 15 16 16

 1  1  1  1  1     1  1  1  1  1     1  1  1  1  1     2  2  2  2  2
 2  2  2  2  2     2  2  3  3  3     3  4  4  4  4     3  3  3  3  4
 3  3  3  5  5     7  7  5  5  6     6  5  5  6  6     5  5  6  6  5
 4  4  4  6  6     8  8  7  7  8     8  8  8  7  7     8  8  7  7  7
 5  9 13  9 11     9 11  9 10  9    10  9 10  9 10     9 10  9 10  9
 6 10 14 10 12    10 12 11 12 11    12 12 11 12 11    12 11 12 11 11
 7 11 15 13 15    15 13 13 14 14    13 13 14 14 13    14 13 13 14 14
 8 12 16 14 16    16 14 15 16 16    15 16 15 15 16    15 16 16 15 16

 2  2  2  3  3     3  3  5  5  9
 4  4  4  4  4     4  4  6  6 10
 5  6  6  5  5     7  7  7  7 11
 7  8  8  6  6     8  8  8  8 12
10  9 10  9 11     9 11  9 13 13
12 11 12 10 12    10 12 10 14 14
13 13 14 15 13    13 15 11 15 15
15 15 16 16 14    14 16 12 16 16
```

## Garantietabelle System 48

| Treffer | 8 | 7 | 6 | 5 | 4 | Fälle | Prozent |
|---|---|---|---|---|---|---|---|
| 16 | 150 | - | - | - | - | 1 | 100.00 |
| 15 | 75 | 75 | - | - | - | 16 | 100.00 |
| 14 | 35 | 80 | 35 | - | - | 120 | 100.00 |
| 13 | 15 | 60 | 60 | 15 | - | 560 | 100.00 |
| 12 | 9 | 24 | 84 | 24 | 9 | 120 | 6.59 |
|  | 6 | 36 | 66 | 36 | 6 | 960 | 52.75 |
|  | 5 | 40 | 60 | 40 | 5 | 720 | 39.56 |
|  | 3 | 48 | 48 | 48 | 3 | 20 | 1.10 |
| 11 | 3 | 16 | 56 | 56 | 16 | 1440 | 32.97 |
|  | 2 | 19 | 54 | 54 | 19 | 1440 | 32.97 |
|  | 1 | 22 | 52 | 52 | 22 | 1200 | 27.47 |
|  | - | 25 | 50 | 50 | 25 | 288 | 6.59 |
| 10 | 2 | 6 | 33 | 68 | 33 | 480 | 5.99 |
|  | 1 | 7-8 | 34-38 | 58-64 | 34-38 | 3240 | 40.46 |
|  | - | 12 | 27 | 72 | 27 | 240 | 3.00 |
|  | - | 10 | 35 | 60 | 35 | 2880 | 35.96 |
|  | - | 9 | 39 | 54 | 39 | 960 | 11.99 |
|  | - | 6 | 51 | 36 | 51 | 160 | 2.00 |
|  | - | - | 75 | - | 75 | 48 | 0.60 |
| 9 | 1 | 1-4 | 12-21 | 52-58 | 52-58 | 1200 | 10.49 |
|  | - | 4 | 18 | 53 | 53 | 4320 | 37.76 |
|  | - | 3 | 21 | 51 | 51 | 3840 | 33.57 |
|  | - | 2 | 24 | 49 | 49 | 1440 | 12.59 |
|  | - | - | 30 | 45 | 45 | 640 | 5.59 |
| 8 | 1 | - | 4-16 | 0-48 | 44-116 | 150 | 1.17 |
|  | - | 2 | 6 | 38 | 58 | 1920 | 14.92 |
|  | - | 1 | 9 | 35 | 60 | 5760 | 44.76 |
|  | - | - | 14 | 24 | 74 | 720 | 5.59 |
|  | - | - | 10 | 40 | 50 | 4320 | 33.57 |
| 7 | - | 1 | 1-4 | 12-21 | 52-58 | 1200 | 10.49 |
|  | - | - | 4 | 18 | 53 | 4320 | 37.76 |
|  | - | - | 3 | 21 | 51 | 3840 | 33.57 |
|  | - | - | 2 | 24 | 49 | 1440 | 12.59 |
|  | - | - | - | 30 | 45 | 640 | 5.59 |
| 6 | - | - | 2 | 6 | 33 | 480 | 5.99 |
|  | - | - | 1 | 7-8 | 34-38 | 3240 | 40.46 |
|  | - | - | - | 12 | 27 | 240 | 3.00 |
|  | - | - | - | 10 | 35 | 2880 | 35.96 |
|  | - | - | - | 9 | 39 | 960 | 11.99 |
|  | - | - | - | 6 | 51 | 160 | 2.00 |
|  | - | - | - | - | 75 | 48 | 0.60 |
| 5 | - | - | - | 3 | 16 | 1440 | 32.97 |
|  | - | - | - | 2 | 19 | 1440 | 32.97 |
|  | - | - | - | 1 | 22 | 1200 | 27.47 |
|  | - | - | - | - | 25 | 288 | 6.59 |
| 4 | - | - | - | - | 9 | 120 | 6.59 |
|  | - | - | - | - | 6 | 960 | 52.75 |
|  | - | - | - | - | 5 | 720 | 39.56 |
|  | - | - | - | - | 3 | 20 | 1.10 |

# Systeme für Kenotyp 9

## System 49

**10 Zahlen in 10 Neunerreihen (Vollsystem)**
**Einsatz: ab 10 Euro**

|   | 1 | 2 | 3 | 4 | 5 | 6 | 7 | 8 | 9 | 10 |
|---|---|---|---|---|---|---|---|---|---|---|
| 1 | X | X | X | X | X | X | X | X | X |   |
| 2 | X | X | X | X | X | X | X | X |   | X |
| 3 | X | X | X | X | X | X |   | X | X | X |
| 4 | X | X | X | X | X |   | X | X | X | X |
| 5 | X | X | X | X |   | X | X | X | X | X |
| 6 | X | X | X |   | X | X | X | X | X | X |
| 7 | X | X | X |   | X | X | X | X | X | X |
| 8 | X | X |   | X | X | X | X | X | X | X |
| 9 | X |   | X | X | X | X | X | X | X | X |
| 10|   | X | X | X | X | X | X | X | X | X |

### Garantietabelle System 49

| Treffer | 9 | 8 | 7 | 6 | 5 | 0 | Fälle | Prozent | Gewinn € |
|---|---|---|---|---|---|---|---|---|---|
| 10 | 10 | - | - | - | - | - | 1 | 100.00 | 500.000 |
| 9 | 1 | 9 | - | - | - | - | 10 | 100.00 | 59.000 |
| 8 | - | 2 | 8 | - | - | - | 45 | 100.00 | 2.160 |
| 7 | - | - | 3 | 7 | - | - | 120 | 100.00 | 95 |
| 6 | - | - | - | 4 | 6 | - | 210 | 100.00 | 32 |
| 5 | - | - | - | - | 5 | - | 252 | 100.00 | 10 |
| 1 | - | - | - | - | - | 1 | 10 | 100.00 | 2 |
| 0 | - | - | - | - | - | 10 | 10 | 100.00 | 20 |

## System 50

### 11 Zahlen in 55 Neunerreihen (Vollsystem)
### Einsatz: ab 55 Euro

|    | 1 | 2 | 3 | 4 | 5 | 6 | 7 | 8 | 9 | 10 | 11 | 12 | 13 | 14 | 15 | 16 | 17 | 18 | 19 | 20 | 21 | 22 | 23 | 24 | 25 | 26 | 27 | 28 | 29 | 30 |
|----|---|---|---|---|---|---|---|---|---|----|----|----|----|----|----|----|----|----|----|----|----|----|----|----|----|----|----|----|----|----|
| 1  | X | X | X | X | X | X | X | X | X | X  | X  | X  | X  | X  | X  | X  | X  | X  | X  | X  | X  | X  | X  | X  | X  | X  | X  | X  | X  | X  |
| 2  | X | X | X | X | X | X | X | X | X | X  | X  | X  | X  | X  | X  | X  | X  | X  | X  | X  | X  | X  | X  | X  | X  | X  | X  | X  | X  | X  |
| 3  | X | X | X | X | X | X | X | X | X | X  | X  | X  | X  | X  | X  | X  | X  | X  | X  | X  | X  | X  | X  | X  | X  | X  | X  | X  | X  |    |
| 4  | X | X | X | X | X | X | X | X | X | X  | X  | X  | X  | X  | X  | X  | X  | X  | X  | X  |    |    |    |    |    |    |    |    | X  | X  |
| 5  | X | X | X | X | X | X | X | X | X | X  | X  | X  | X  | X  |    |    |    |    |    |    |    | X  | X  | X  | X  | X  |    |    | X  | X  |
| 6  | X | X | X | X | X | X | X | X | X |    |    |    |    |    |    | X  | X  | X  | X  |    |    | X  | X  | X  | X  |    |    |    | X  | X  |
| 7  | X | X | X | X | X |    |    |    |   | X  | X  | X  | X  |    |    | X  | X  | X  |    |    |    | X  | X  | X  | X  |    |    |    | X  | X  |
| 8  | X | X | X |   |   | X | X | X |   | X  | X  | X  |    |    |    | X  | X  | X  |    |    |    | X  | X  | X  |    |    |    |    | X  | X  |
| 9  | X |   | X | X |   | X | X |   |   | X  | X  |    |    |    |    | X  | X  | X  |    |    |    | X  | X  | X  |    |    |    |    | X  | X  |
| 10 |   | X |   | X |   | X | X |   |   | X  | X  |    |    |    |    | X  | X  | X  |    |    |    | X  | X  | X  |    |    |    |    | X  | X  |
| 11 |   | X |   | X | X |   | X | X | X |    |    |    |    |    |    | X  | X  | X  | X  |    |    |    | X  | X  | X  | X  |    |    |    | X  |

|    | 31 | 32 | 33 | 34 | 35 | 36 | 37 | 38 | 39 | 40 | 41 | 42 | 43 | 44 | 45 | 46 | 47 | 48 | 49 | 50 | 51 | 52 | 53 | 54 | 55 |
|----|----|----|----|----|----|----|----|----|----|----|----|----|----|----|----|----|----|----|----|----|----|----|----|----|----|
| 1  | X  | X  | X  | X  | X  | X  | X  | X  | X  | X  | X  | X  | X  | X  | X  |    |    |    |    |    |    |    |    |    |    |
| 2  | X  | X  | X  | X  | X  | X  |    |    |    |    |    |    |    |    |    | X  | X  | X  | X  | X  | X  | X  | X  |    |    |
| 3  |    |    |    |    | X  | X  | X  | X  | X  | X  | X  | X  |    |    |    | X  | X  | X  | X  | X  | X  | X  |    |    | X  |
| 4  | X  | X  | X  | X  |    |    | X  | X  | X  | X  |    |    | X  | X  |    | X  | X  | X  | X  | X  | X  |    |    | X  | X  |
| 5  | X  | X  | X  |    | X  | X  |    | X  | X  |    | X  | X  |    | X  |    | X  | X  | X  | X  | X  |    |    | X  | X  | X  |
| 6  | X  | X  |    | X  | X  | X  | X  |    | X  |    | X  |    | X  | X  |    | X  | X  | X  | X  |    |    | X  | X  | X  | X  |
| 7  | X  | X  |    | X  | X  | X  |    | X  |    | X  |    | X  | X  |    | X  | X  | X  | X  |    |    | X  | X  | X  | X  | X  |
| 8  | X  |    | X  | X  | X  |    | X  | X  |    | X  | X  |    | X  |    | X  | X  | X  |    |    | X  | X  | X  | X  | X  | X  |
| 9  |    | X  | X  | X  |    | X  | X  |    | X  | X  |    | X  |    | X  | X  | X  |    |    | X  | X  | X  | X  | X  | X  | X  |
| 10 | X  | X  | X  |    | X  | X  |    | X  | X  |    | X  |    | X  | X  | X  |    |    | X  | X  | X  | X  | X  | X  | X  | X  |
| 11 | X  | X  |    | X  | X  |    | X  | X  |    | X  | X  | X  | X  | X  |    |    | X  | X  | X  | X  | X  | X  | X  | X  | X  |

### Garantietabelle System 50

| Treffer | 9 | 8 | 7 | 6 | 5 | 0 | Fälle | Prozent | Gewinn € |
|---------|----|----|----|----|----|----|-------|---------|----------|
| 11 | 55 | - | - | - | - | - | 1 | 100.00 | 500.000* |
| 10 | 10 | 45 | - | - | - | - | 11 | 100.00 | 545.000 |
| 9 | 1 | 18 | 36 | - | - | - | 55 | 100.00 | 68.720 |
| 8 | - | 3 | 24 | 28 | - | - | 165 | 100.00 | 3.620 |
| 7 | - | - | 6 | 28 | 21 | - | 330 | 100.00 | 302 |
| 6 | - | - | - | 10 | 30 | - | 462 | 100.00 | 110 |
| 5 | - | - | - | - | 15 | - | 462 | 100.00 | 30 |
| 2 | - | - | - | - | - | 1 | 55 | 100.00 | 0 |
| 1 | - | - | - | - | - | 10 | 11 | 100.00 | 0 |
| 0 | - | - | - | - | - | 55 | 11 | 100.00 | 0 |

*Durch die bei Kenotyp 9 geltende Sonderregelung ist es nicht möglich, im Falle von 13 Systemtreffern mit 1 Euro Einsatz mehr als 500.000 Euro zu gewinnen. Damit ergibt sich das Paradoxon, mit diesem System bei 10 Treffern mehr zu gewinnen als mit 11 Treffern.

# System 51

## 12 Zahlen in 4 Neunerreihen (VEW-System)
## Einsatz: ab 4 Euro

|    | 1 | 2 | 3 | 4 |
|----|---|---|---|---|
| 1  | X | X | X |   |
| 2  | X | X |   | X |
| 3  | X |   | X | X |
| 4  |   | X | X | X |
| 5  | X | X | X |   |
| 6  | X | X |   | X |
| 7  | X |   | X | X |
| 8  |   | X | X | X |
| 9  | X | X | X |   |
| 10 | X | X |   | X |
| 11 | X |   | X | X |
| 12 |   | X | X | X |

### Garantietabelle System 51 (ohne Berechnung von Null-Treffern)

| Treffer | 9 | 8 | 7 | 6   | 5   | Fälle | Prozent |
|---------|---|---|---|-----|-----|-------|---------|
| 12      | 4 | - | - | -   | -   | 1     | 100.00  |
| 11      | 1 | 3 | - | -   | -   | 12    | 100.00  |
| 10      | 1 | - | 3 | -   | -   | 12    | 18.18   |
|         | - | 2 | 2 | -   | -   | 54    | 81.82   |
| 9       | 1 | - | - | 3   | -   | 4     | 1.82    |
|         | - | 1 | 1 | 2   | -   | 108   | 49.09   |
|         | - | - | 3 | 1   | -   | 108   | 49.09   |
| 8       | - | 1 | - | 1   | 2   | 36    | 7.27    |
|         | - | - | 2 | -   | 2   | 54    | 10.91   |
|         | - | - | 1 | 2   | 1   | 324   | 65.45   |
|         | - | - | - | 4   | -   | 81    | 16.36   |
| 7       | - | - | 1 | 0-1 | 0-2 | 144   | 18.18   |
|         | - | - | - | 2   | 1   | 324   | 40.91   |
|         | - | - | - | 1   | 3   | 324   | 40.91   |
| 6       | - | - | - | 2   | -   | 6     | 0.65    |
|         | - | - | - | 1   | 0-1 | 324   | 35.06   |
|         | - | - | - | -   | 3   | 108   | 11.69   |
|         | - | - | - | -   | 2   | 486   | 52.60   |
| 5       | - | - | - | -   | 2   | 36    | 4.55    |
|         | - | - | - | -   | 1   | 432   | 54.55   |
|         | - | - | - | -   | -   | 324   | 40.91   |

System 52

12 Zahlen in 16 Neunerreihen (VEW-System)
Einsatz: ab 16 Euro

|   | 1 | 2 | 3 | 4 | 5 | 6 | 7 | 8 | 9 | 10 | 11 | 12 | 13 | 14 | 15 | 16 |
|---|---|---|---|---|---|---|---|---|---|----|----|----|----|----|----|----|
| 1 | X | X | X | X | X | X | X | X | X | X  | X  | X  |    |    |    |    |
| 2 | X | X | X | X | X | X | X |   |   |    |    |    | X  | X  | X  | X  |
| 3 | X | X | X | X |   |   |   |   | X | X  | X  | X  | X  | X  | X  |    |
| 4 |   |   |   |   | X | X | X | X | X | X  | X  | X  | X  | X  | X  |    |
| 5 | X | X | X |   | X | X | X |   | X | X  | X  |    | X  | X  | X  |    |
| 6 | X | X |   | X | X |   | X | X |   | X  | X  | X  |    |    |    | X  |
| 7 | X |   | X | X | X |   | X | X | X |    | X  | X  | X  |    | X  | X  |
| 8 |   | X | X | X |   | X | X | X |   | X  | X  | X  |    | X  | X  | X  |
| 9 |   | X | X | X | X |   | X | X | X | X  |    | X  | X  | X  | X  |    |
| 10| X |   |   | X | X |   | X | X | X | X  |    | X  | X  |    |    | X  |
| 11| X | X |   | X | X | X |   |   | X | X  | X  | X  |    |    | X  | X  |
| 12| X | X | X |   | X | X |   | X | X |    | X  | X  |    | X  | X  | X  |

Garantietabelle System 52 (ohne Berechnung von Null-Treffern)

| Treffer | 9 | 8 | 7 | 6 | 5 | Fälle | Prozent |
|---------|---|---|---|---|---|-------|---------|
| 12 | 16 | - | - | - | - | 1 | 100.00 |
| 11 | 4 | 12 | - | - | - | 12 | 100.00 |
| 10 | 1 | 6 | 9 | - | - | 48 | 72.73 |
|    | - | 8 | 8 | - | - | 18 | 27.27 |
| 9  | 1 | - | 9 | 6 | - | 16 | 7.27 |
|    | - | 3 | 6 | 7 | - | 48 | 21.82 |
|    | - | 2 | 8 | 6 | - | 144 | 65.45 |
|    | - | - | 12 | 4 | - | 12 | 5.45 |
| 8  | - | 1 | 2 | 9 | 4 | 144 | 29.09 |
|    | - | - | 5 | 6 | 5 | 144 | 29.09 |
|    | - | - | 4 | 8 | 4 | 108 | 21.82 |
|    | - | - | 3 | 10 | 3 | 96 | 19.39 |
|    | - | - | - | 16 | - | 3 | 0.61 |
| 7  | - | - | 2 | 2 | 10 | 72 | 9.09 |
|    | - | - | 1 | 4-5 | 7-9 | 432 | 54.55 |
|    | - | - | - | 8 | 4 | 72 | 9.09 |
|    | - | - | - | 7 | 6 | 48 | 6.06 |
|    | - | - | - | 6 | 8 | 144 | 18.18 |
|    | - | - | - | 4 | 12 | 24 | 3.03 |
| 6  | - | - | - | 4 | - | 12 | 1.30 |
|    | - | - | - | 2 | 5-6 | 480 | 51.95 |
|    | - | - | - | 1 | 6-8 | 336 | 36.36 |
|    | - | - | - | - | 12 | 12 | 1.30 |
|    | - | - | - | - | 9 | 48 | 5.19 |
|    | - | - | - | - | 8 | 36 | 3.90 |
| 5  | - | - | - | - | 4 | 72 | 9.09 |
|    | - | - | - | - | 3 | 336 | 42.42 |
|    | - | - | - | - | 2 | 360 | 45.45 |
|    | - | - | - | - | - | 24 | 3.03 |

# System 53

## 15 Zahlen in 10 Neunerreihen (VEW-System)
### Einsatz: ab 10 Euro

|    | 1 | 2 | 3 | 4 | 5 | 6 | 7 | 8 | 9 | 10 |
|----|---|---|---|---|---|---|---|---|---|----|
| 1  | X | X | X | X | X |   |   |   |   |    |
| 2  | X | X | X | X |   |   | X | X |   |    |
| 3  | X | X | X | X |   |   |   |   | X | X  |
| 4  | X | X |   |   | X | X | X |   | X |    |
| 5  | X | X |   |   | X | X |   |   |   | X  |
| 6  |   | X | X | X | X |   |   | X | X |    |
| 7  |   | X | X | X | X | X |   |   |   | X  |
| 8  | X |   | X |   | X |   | X | X | X |    |
| 9  |   | X |   | X |   | X | X | X | X |    |
| 10 | X |   | X |   |   | X | X | X |   | X  |
| 11 |   | X |   | X | X |   | X | X |   | X  |
| 12 | X |   |   | X | X |   | X |   | X | X  |
| 13 |   | X | X |   |   | X | X |   | X | X  |
| 14 |   | X | X |   | X |   |   | X | X | X  |
| 15 | X |   |   | X |   | X |   | X | X | X  |

## Garantietabelle System 53
(ohne Berechnung von Null-Treffern)

| Treffer | 9  | 8   | 7   | 6   | 5   | Fälle | Prozent |
|---------|----|-----|-----|-----|-----|-------|---------|
| 15      | 10 | -   | -   | -   | -   | 1     | 100.00  |
| 14      | 4  | 6   | -   | -   | -   | 15    | 100.00  |
| 13      | 2  | 4   | 4   | -   | -   | 45    | 42.86   |
|         | 1  | 6   | 3   | -   | -   | 60    | 57.14   |
| 12      | 1  | 0-2 | 5-9 | 0-2 | -   | 200   | 43.96   |
|         | -  | 6   | -   | 4   | -   | 15    | 3.30    |
|         | -  | 4   | 4   | 2   | -   | 180   | 39.56   |
|         | -  | 3   | 6   | 1   | -   | 60    | 13.19   |
| 11      | 1  | -   | 3-4 | 4-6 | 0-1 | 150   | 10.99   |
|         | -  | 3   | -   | 7   | -   | 60    | 4.40    |
|         | -  | 2   | 3-4 | 2-4 | 1-2 | 540   | 39.56   |
|         | -  | 1   | 4-5 | 3-5 | 0-1 | 540   | 39.56   |
|         | -  | -   | 8   | -   | 2   | 45    | 3.30    |
|         | -  | -   | 6   | 4   | -   | 30    | 2.20    |
| 10      | 1  | -   | -   | 6   | 3   | 60    | 2.00    |
|         | -  | 1   | 0-2 | 3-8 | 0-4 | 1350  | 44.96   |
|         | -  | -   | 5   | -   | 5   | 72    | 2.40    |
|         | -  | -   | 4   | 3-4 | 0-2 | 405   | 13.49   |
|         | -  | -   | 3   | 4-5 | 1-3 | 840   | 27.97   |
|         | -  | -   | 2   | 6   | 2   | 270   | 8.99    |
|         | -  | -   | -   | 10  | -   | 6     | 0.20    |

| Treffer | 9 | 8 | 7 | 6   | 5   | Fälle | Prozent |
|---------|---|---|---|-----|-----|-------|---------|
| 9       | 1 | - | - | -   | 9   | 10    | 0.20    |
|         | - | 1 | - | 2-3 | 4-6 | 540   | 10.79   |
|         | - | - | 3 | -   | 6   | 60    | 1.20    |
|         | - | - | 2 | 0-3 | 2-8 | 1440  | 28.77   |
|         | - | - | 1 | 3-5 | 2-5 | 2340  | 46.75   |
|         | - | - | - | 7   | -   | 120   | 2.40    |
|         | - | - | - | 6   | 3   | 60    | 1.20    |
|         | - | - | - | 5   | 4   | 360   | 7.19    |
|         | - | - | - | 4   | 6   | 75    | 1.50    |
| 8       | - | 1 | - | -   | 4   | 90    | 1.40    |
|         | - | - | 1 | 0-2 | 2-7 | 2160  | 33.57   |
|         | - | - | - | 4   | 0-2 | 375   | 5.83    |
|         | - | - | - | 3   | 3-4 | 1740  | 27.04   |
|         | - | - | - | 2   | 4-6 | 1710  | 26.57   |
|         | - | - | - | 1   | 6   | 300   | 4.66    |
|         | - | - | - | -   | 9   | 60    | 0.93    |
| 7       | - | - | 1 | -   | 1-2 | 360   | 5.59    |
|         | - | - | - | 2   | 0-2 | 720   | 11.19   |
|         | - | - | - | 1   | 0-4 | 3600  | 55.94   |
|         | - | - | - | -   | 6   | 195   | 3.03    |
|         | - | - | - | -   | 5   | 450   | 6.99    |
|         | - | - | - | -   | 4   | 810   | 12.59   |
|         | - | - | - | -   | 3   | 300   | 4.66    |
| 6       | - | - | - | 1   | 0-1 | 840   | 16.78   |
|         | - | - | - | -   | 3   | 480   | 9.59    |
|         | - | - | - | -   | 2   | 2250  | 44.96   |
|         | - | - | - | -   | 1   | 1260  | 25.17   |
|         | - | - | - | -   | -   | 10    | 0.20    |
|         | - | - | - | -   | -   | 90    | 1.80    |
|         | - | - | - | -   | -   | 75    | 1.50    |
| 5       | - | - | - | -   | 2   | 45    | 1.50    |
|         | - | - | - | -   | 1   | 1170  | 38.96   |
|         | - | - | - | -   | -   | 72    | 2.40    |
|         | - | - | - | -   | -   | 540   | 17.98   |
|         | - | - | - | -   | -   | 900   | 29.97   |
|         | - | - | - | -   | -   | 270   | 8.99    |
|         | - | - | - | -   | -   | 6     | 0.20    |

System 54

16 Zahlen in 160 Neunerreihen (VEW-System)
Einsatz: ab 160 Euro

```
 6  5  5  5  4     4  4  4  4  4     4  4  4  3  3     3  3  3  3  3
 7  7  6  6  6     5  5  5  5  5     5  5  5  6  5     5  5  5  5  5
 8  8  8  7  7     7  6  6  6  6     6  6  6  8  8     6  6  6  6  6
 9  9  9 10 10    10 10  7  7  7     7  7  7  9  9     9  8  8  8  8
10 10 11 11 11    11 11 11 10 10    10 10 10 11 11    11 11  9  9  9
11 12 12 12 12    12 12 12 12 11    11 11 11 12 12    12 12 12 11 11
13 13 13 14 14    14 14 14 14 14    12 12 12 13 13    13 13 13 13 12
14 14 15 15 15    15 15 15 15 15    15 14 14 15 15    15 15 15 15 15
15 16 16 16 16    16 16 16 16 16    16 16 15 16 16    16 16 16 16 16

 3  3  3  3  3     3  3  3  2  2     2  2  2  2  2     2  2  2  2  2
 5  5  4  4  4     4  4  4  7  5     5  5  5  5  5     5  5  4  4  4
 6  6  6  6  6     5  5  5  8  8     7  7  7  7  7     7  7  7  6  6
 8  8  9  7  7     9  7  7  9  9     9  8  8  8  8     8  8  9  7  7
 9  9 10  8  8    10  8  8 10 10    10 10  9  9  9     9  9 11  8  8
11 11 12 12  9    11 11  9 12 12    12 12 12 10 10    10 10 12 12  9
12 12 13 13 10    13 13 10 13 13    13 13 13 13 12    12 12 13 13 10
13 13 14 14 11    14 14 12 14 14    14 14 14 14 14    13 13 15 14 11
16 15 16 15 16    15 16 15 16 16    16 16 16 16 16    16 14 16 15 16

 2  2  2  2  2     2  2  2  2  2     2  2  2  2  2     2  2  2  2  2
 4  4  4  3  3     3  3  3  3  3     3  3  3  3  3     3  3  3  3  3
 5  5  5  8  6     6  5  5  5  4     4  4  4  4  4     4  4  4  4  4
 9  6  6 10  7     7  9  6  6  9     7  7  6  6  6     6  6  6  6  6
10  8  8 11  8     8 10  7  7 10     8  8  8  8  7     7  7  7  7  7
11 10  9 12 12     9 11 10  9 11    12  9 12  9 12     9  8  8  8  8
13 13 11 14 13    10 13 11 14 13    13 10 13 10 13    10 13 12 12 12
14 15 12 15 14    11 14 12 15 14    14 11 14 11 14    11 14 14 13 13
15 16 14 16 15    16 15 13 16 15    15 16 15 16 15    16 15 15 15 14

 2  2  2  2  2     2  2  2  2  2     1  1  1  1  1     1  1  1  1  1
 3  3  3  3  3     3  3  3  3  3     7  6  6  6  6     6  6  6  6  4
 4  4  4  4  4     4  4  4  4  4     8  8  7  7  7     7  7  7  7  7
 6  6  6  6  5     5  5  5  5  5     9  9  9  8  8     8  8  8  8  9
 7  7  7  7 10     9  9  9  9  9    10 10 10 10  9     9  9  9  9 11
 8  8  8  8 11    11 10 10 10 10    11 11 11 11 11    10 10 10 10 12
10  9  9  9 13    13 13 11 11 11    13 13 13 13 13    13 11 11 11 13
11 11 10 10 14    14 14 14 13 13    14 14 14 14 14    14 14 13 13 15
16 16 16 11 15    15 15 15 15 14    15 15 15 15 15    15 15 15 14 16
```

Fortsetzung System 54

```
 1  1  1  1  1      1  1  1  1  1      1  1  1  1  1      1  1  1  1  1
 4  4  4  4  4      3  3  3  3  3      3  3  3  3  3      3  3  3  3  3
 6  5  5  5  5      8  6  5  5  5      5  4  4  4  4      4  4  4  4  4
 9  7  7  6  6     10  9  7  7  6      6  9  7  7  6      6  6  6  6  6
10  8  8  8  8     11 10  8  8  7      7 10  8  8 10      9  9  9  9  9
12 11  9 10  9     12 12 11  9 10      9 12 11  9 12     12 10 10 10 10
13 13 10 13 11     14 13 13 10 11     14 13 13 10 13     13 13 12 12 12
14 14 12 15 12     15 14 14 12 12     15 14 14 12 14     14 14 14 13 13
16 16 15 16 14     16 16 16 15 13     16 16 16 15 16     16 16 16 16 14

 1  1  1  1  1      1  1  1  1  1      1  1  1  1  1      1  1  1  1  1
 3  3  3  3  3      3  3  3  3  3      3  3  2  2  2      2  2  2  2  2
 4  4  4  4  4      4  4  4  4  4      4  4  8  7  5      5  5  5  4  4
 5  5  5  5  5      5  5  5  5  5      5  5 10  9  6      6  6  6  9  7
 8  8  7  7  7      7  7  7  7  7      7  7 11 11  8      8  7  7 11 11
11  9 11  9  8      8  8  8  8  8      8  8 12 12 10      9 10  9 12 12
13 10 13 10 13     11 11 11 10  9      9  9 14 13 13     11 11 14 13 13
14 12 14 12 14     14 13 13 12 12     10 10 15 15 15     12 12 15 15 15
16 15 16 15 16     16 16 14 15 15     15 12 16 16 16     14 13 16 16 16

 1  1  1  1  1      1  1  1  1  1      1  1  1  1  1      1  1  1  1  1
 2  2  2  2  2      2  2  2  2  2      2  2  2  2  2      2  2  2  2  2
 4  4  4  4  4      4  4  4  4  4      4  4  4  4  4      4  4  4  4  3
 7  7  7  7  7      6  6  5  5  5      5  5  5  5  5      5  5  5  5 10
 9  9  9  9  9      8  8  8  8  6      6  6  6  6  6      6  6  6  6 11
12 11 11 11 11     10  9 10  9 10      9  8  8  8  8      8  8  8  8 12
13 13 12 12 12     13 11 13 11 13     11 13 11 10 10     10  9  9  9 14
15 15 15 13 13     15 12 15 12 15     12 15 12 15 13     13 12 11 11 15
16 16 16 16 15     16 14 16 14 16     14 16 14 16 16     15 14 14 12 16

 1  1  1  1  1      1  1  1  1  1      1  1  1  1  1      1  1  1  1  1
 2  2  2  2  2      2  2  2  2  2      2  2  2  2  2      2  2  2  2  2
 3  3  3  3  3      3  3  3  3  3      3  3  3  3  3      3  3  3  3  3
 8  8  8  8  8      8  6  6  5  5      5  5  5  5  5      5  5  5  5  5
11 10 10 10 10     10  7  7  7  7      6  6  6  6  6      6  6  6  6  6
12 12 11 11 11     11 10  9 10  9     10  9  7  7  7      7  7  7  7  7
14 14 14 12 12     12 11 14 11 14     11 14 14 11 10     10 10  9  9  9
15 15 15 15 14     14 12 15 12 15     12 15 15 12 12     11 11 15 14 14
16 16 16 16 16     15 13 16 13 16     13 16 16 13 13     13 12 16 16 15
```

## Garantietabelle System 54
### (ohne Berechnung von Null-Treffern)

| Treffer | 9 | 8 | 7 | 6 | 5 | Fälle | Prozent |
|---|---|---|---|---|---|---|---|
| 16 | 160 | - | - | - | - | 1 | 100.00 |
| 15 | 70 | 90 | - | - | - | 16 | 100.00 |
| 14 | 28 | 84 | 48 | - | - | 120 | 100.00 |
| 13 | 13 | 45 | 81 | 21 | - | 320 | 57.14 |
|    | 6  | 66 | 60 | 28 | - | 240 | 42.86 |
| 12 | 10 | 12 | 72 | 60 | 6  | 240 | 13.19 |
|    | 4  | 36 | 36 | 84 | -  | 80  | 4.40 |
|    | 2  | 30 | 66 | 50 | 12 | 1440| 79.12 |
|    | -  | 24 | 96 | 16 | 24 | 60  | 3.30 |
| 11 | 10 | -  | 30 | 90 | 30 | 96  | 2.20 |
|    | 1  | 13-15 | 39-40 | 63-72 | 29-42 | 2400 | 54.95 |
|    | -  | 10 | 55 | 55 | 35 | 1152 | 26.37 |
|    | -  | 8  | 56 | 64 | 22 | 720 | 16.48 |
| 10 | 10 | -  | -  | 60 | 90 | 16  | 0.20 |
|    | 1  | 9  | 12 | 60 | 63 | 960 | 11.99 |
|    | -  | 6  | 24 | 48 | 72 | 240 | 3.00 |
|    | -  | 4  | 28 | 52 | 56 | 3600 | 44.96 |
|    | -  | 2  | 26 | 66 | 46 | 2880 | 35.96 |
|    | -  | -  | 30 | 70 | 30 | 192 | 2.40 |
|    | -  | -  | 24 | 80 | 36 | 120 | 1.50 |
| 9  | 1  | 9  | -  | 24 | 81 | 160 | 1.40 |
|    | -  | 2  | 11-14 | 30-35 | 64-67 | 4320 | 37.76 |
|    | -  | -  | 12 | 44 | 54 | 3120 | 27.27 |
|    | -  | -  | 9  | 45-49 | 57-66 | 2880 | 25.17 |
|    | -  | -  | 6  | 50 | 69 | 960 | 8.39 |
| 8  | -  | 2  | 8  | 8  | 52 | 720 | 5.59 |
|    | -  | -  | 6  | 14-22 | 42-60 | 1920 | 14.92 |
|    | -  | -  | 3  | 23 | 54 | 7680 | 59.67 |
|    | -  | -  | -  | 32 | 48 | 390 | 3.03 |
|    | -  | -  | -  | 24 | 66 | 1440 | 11.19 |
|    | -  | -  | -  | 20 | 70 | 720 | 5.59 |
| 7  | -  | -  | 3  | 7-11 | 21-30 | 1920 | 16.78 |
|    | -  | -  | -  | 12 | 33 | 1920 | 16.78 |
|    | -  | -  | -  | 8  | 37-42 | 6000 | 52.45 |
|    | -  | -  | -  | 4  | 46 | 1440 | 12.59 |
|    | -  | -  | -  | -  | 45 | 160 | 1.40 |
| 6  | -  | -  | -  | 8  | 12 | 120 | 1.50 |
|    | -  | -  | -  | 4  | 6-16 | 3120 | 38.96 |
|    | -  | -  | -  | -  | 30 | 192 | 2.40 |
|    | -  | -  | -  | -  | 20 | 3600 | 44.96 |
|    | -  | -  | -  | -  | 15 | 960 | 11.99 |
|    | -  | -  | -  | -  | -  | 16  | 0.20 |
| 5  | -  | -  | -  | -  | 10 | 720 | 16.48 |
|    | -  | -  | -  | -  | 5  | 2592 | 59.34 |
|    | -  | -  | -  | -  | -  | 960 | 21.98 |
|    | -  | -  | -  | -  | -  | 96  | 2.20 |
|    |    |    |    |    |    | 4368 | 100.00 |

System 55

18 Zahlen in 26 Neunerreihen (VEW-System)
Einsatz: ab 26 Euro

|    | 1 | 2 | 3 | 4 | 5 | 6 | 7 | 8 | 9 | 10 | 11 | 12 | 13 | 14 | 15 | 16 | 17 | 18 | 19 | 20 | 21 | 22 | 23 | 24 | 25 | 26 |
|----|---|---|---|---|---|---|---|---|---|----|----|----|----|----|----|----|----|----|----|----|----|----|----|----|----|----|
| 1  | X | X | X | X | X | X | X | X | X | X  | X  | X  |    |    |    |    |    |    |    |    |    |    |    |    |    |    |
| 2  |   |   |   |   |   |   |   |   |   |    |    |    |    | X  | X  | X  | X  | X  | X  | X  | X  | X  | X  | X  | X  | X  |
| 3  | X | X | X | X | X | X | X |   |   |    |    |    |    | X  | X  | X  | X  | X  |    |    |    |    |    |    |    |    |
| 4  |   |   |   |   |   |   | X | X | X | X  | X  |    |    |    |    |    |    |    |    | X  | X  | X  | X  | X  | X  | X  |
| 5  | X | X | X | X |   |   |   | X | X | X  |    |    |    | X  | X  | X  |    |    |    | X  | X  | X  |    |    |    |    |
| 6  |   |   |   | X | X | X |   |   |   | X  | X  | X  |    |    |    | X  | X  | X  |    |    |    |    | X  | X  | X  | X  |
| 7  | X | X | X |   | X |   |   | X |   |    | X  | X  |    | X  |    |    | X  | X  |    | X  | X  |    | X  |    |    |    |
| 8  |   |   | X |   | X | X |   | X | X |    |    | X  |    |    | X  | X  |    | X  |    |    | X  |    |    | X  | X  | X  |
| 9  | X | X |   | X |   | X |   |   | X | X  |    | X  |    |    |    | X  |    | X  | X  |    | X  |    | X  |    |    |    |
| 10 |   | X |   | X |   | X | X |   | X |    |    |    |    | X  |    | X  |    | X  |    |    | X  |    | X  |    | X  | X  |
| 11 | X |   |   | X | X | X |   | X |   | X  | X  |    |    | X  |    | X  |    | X  |    | X  |    |    |    | X  |    | X  |
| 12 |   | X | X |   |   | X |   | X |   |    | X  | X  |    | X  |    | X  |    | X  |    | X  | X  | X  |    | X  |    |    |
| 13 | X |   | X | X | X |   |   | X |   | X  |    | X  |    |    | X  | X  |    | X  | X  | X  |    |    |    |    |    | X  |
| 14 |   | X |   |   | X | X | X |   | X |    | X  |    |    | X  | X  |    |    | X  |    |    | X  | X  | X  | X  |    |    |
| 15 | X |   | X |   |   | X | X | X | X |    | X  |    |    | X  |    |    | X  | X  |    |    |    | X  | X  |    |    | X  |
| 16 |   | X |   | X | X |   |   |   | X |    | X  | X  |    | X  |    |    |    | X  | X  | X  | X  |    |    | X  | X  |    |
| 17 | X | X |   |   | X | X |   | X | X |    |    |    |    | X  |    | X  | X  | X  |    | X  |    |    | X  | X  |    |    |
| 18 |   |   | X | X |   |   | X |   |   | X  | X  | X  |    | X  |    |    | X  | X  |    | X  | X  |    |    |    | X  | X  |

-79-

## Garantietabelle System 55 (ohne Berechnung von Null-Treffern)

| Treffer | 9 | 8 | 7 | 6 | 5 | Fälle | Prozent |
|---|---|---|---|---|---|---|---|
| 18 | 26 | - | - | - | - | 1 | 100.00 |
| 17 | 13 | 13 | - | - | - | 18 | 100.00 |
| 16 | 7 | 12 | 7 | - | - | 72 | 47.06 |
|  | 6 | 14 | 6 | - | - | 72 | 47.06 |
|  | - | 26 | - | - | - | 9 | 5.88 |
| 15 | 4 | 9 | 9 | 4 | - | 168 | 20.59 |
|  | 3 | 10 | 10 | 3 | - | 504 | 61.76 |
|  | - | 13 | 13 | - | - | 144 | 17.65 |
| 14 | 3 | 4 | 12 | 4 | 3 | 108 | 3.53 |
|  | 2 | 4-8 | 6-14 | 4-8 | 2 | 1044 | 34.12 |
|  | 1 | 8-9 | 6-8 | 8-9 | 1 | 864 | 28.24 |
|  | - | 7 | 12 | 7 | - | 504 | 16.47 |
|  | - | 6 | 14 | 6 | - | 504 | 16.47 |
|  | - | - | 26 | - | - | 36 | 1.18 |
| 13 | 2 | 0-3 | 8-11 | 8-11 | 0-3 | 396 | 4.62 |
|  | 1 | 3-6 | 6-9 | 6-9 | 3-6 | 2484 | 28.99 |
|  | - | 7 | 6 | 6 | 7 | 288 | 3.36 |
|  | - | 6 | 7 | 7 | 6 | 864 | 10.08 |
|  | - | 4 | 9 | 9 | 4 | 1008 | 11.76 |
|  | - | 3 | 10 | 10 | 3 | 3024 | 35.29 |
|  | - | - | 13 | 13 | - | 504 | 5.88 |
| 12 | 2 | - | 0-9 | 4-22 | 0-9 | 48 | 0.26 |
|  | 1 | 0-3 | 5-10 | 4-12 | 5-10 | 2088 | 11.25 |
|  | - | 5 | 2 | 12 | 2 | 144 | 0.78 |
|  | - | 4 | 2-6 | 6-14 | 2-6 | 648 | 3.49 |
|  | - | 3 | 4-7 | 6-12 | 4-7 | 2844 | 15.32 |
|  | - | 2 | 4-11 | 0-14 | 4-11 | 5364 | 28.89 |
|  | - | 1 | 8-9 | 6-8 | 8-9 | 4320 | 23.27 |
|  | - | - | 7 | 12 | 7 | 1512 | 8.14 |
|  | - | - | 6 | 14 | 6 | 1512 | 8.14 |
|  | - | - | - | 26 | - | 84 | 0.45 |
| 11 | 1 | 0-1 | 0-6 | 5-11 | 5-11 | 936 | 2.94 |
|  | - | 3 | 3 | 7 | 7 | 432 | 1.36 |
|  | - | 2 | 0-4 | 7-11 | 7-11 | 3312 | 10.41 |
|  | - | 1 | 3-7 | 5-9 | 5-9 | 11448 | 35.97 |
|  | - | - | 7 | 6 | 6 | 1152 | 3.62 |
|  | - | - | 6 | 7 | 7 | 3456 | 10.86 |
|  | - | - | 4 | 9 | 9 | 2520 | 7.92 |
|  | - | - | 3 | 10 | 10 | 7560 | 23.76 |
|  | - | - | - | 13 | 13 | 1008 | 3.17 |
| 10 | 1 | - | 1-4 | 5-8 | 0-12 | 234 | 0.53 |
|  | - | 2 | 0-3 | 0-9 | 4-22 | 432 | 0.99 |
|  | - | 1 | 0-3 | 4-10 | 4-12 | 7560 | 17.28 |
|  | - | - | 5 | 2-5 | 6-12 | 864 | 1.97 |
|  | - | - | 4 | 2-8 | 2-14 | 1998 | 4.57 |
|  | - | - | 3 | 4-7 | 6-12 | 7992 | 18.26 |
|  | - | - | 2 | 4-11 | 0-14 | 10872 | 24.85 |
|  | - | - | 1 | 8-9 | 6-8 | 8640 | 19.74 |
|  | - | - | - | 7 | 12 | 2520 | 5.76 |
|  | - | - | - | 6 | 14 | 2520 | 5.76 |
|  | - | - | - | - | 26 | 126 | 0.29 |
| 9 | 1 | - | - | 3-12 | 0-9 | 26 | 0.05 |
|  | - | 1 | 0-4 | 0-6 | 5-11 | 2106 | 4.33 |
|  | - | - | 3 | 3-4 | 6-7 | 1008 | 2.07 |
|  | - | - | 2 | 0-6 | 5-11 | 5940 | 12.22 |
|  | - | - | 1 | 3-7 | 5-9 | 17928 | 36.87 |
|  | - | - | - | 7 | 6 | 1728 | 3.55 |
|  | - | - | - | 6 | 7 | 5184 | 10.66 |
|  | - | - | - | 4 | 9 | 3360 | 6.91 |
|  | - | - | - | 3 | 10 | 10080 | 20.73 |
|  | - | - | - | - | 13 | 1260 | 2.59 |

| Treffer | 9 | 8 | 7 | 6 | 5 | Fälle | Prozent |
|---|---|---|---|---|---|---|---|
| 8 | - | 1 | - | 1-4 | 5-8 | 234 | 0.53 |
|  | - | - | 2 | 0-3 | 0-9 | 432 | 0.99 |
|  | - | - | 1 | 0-3 | 4-10 | 7560 | 17.28 |
|  | - | - | - | 5 | 2-5 | 864 | 1.97 |
|  | - | - | - | 4 | 2-8 | 1998 | 4.57 |
|  | - | - | - | 3 | 4-7 | 7992 | 18.26 |
|  | - | - | - | 2 | 4-11 | 10872 | 24.85 |
|  | - | - | - | 1 | 8-9 | 8640 | 19.74 |
|  | - | - | - | - | 7 | 2520 | 5.76 |
|  | - | - | - | - | 6 | 2520 | 5.76 |
|  | - | - | - | - | - | 126 | 0.29 |
| 7 | - | - | 1 | 0-1 | 0-6 | 936 | 2.94 |
|  | - | - | - | 3 | 3 | 432 | 1.36 |
|  | - | - | - | 2 | 0-4 | 3312 | 10.41 |
|  | - | - | - | 1 | 3-7 | 11448 | 35.97 |
|  | - | - | - | - | 7 | 1152 | 3.62 |
|  | - | - | - | - | 6 | 3456 | 10.86 |
|  | - | - | - | - | 4 | 2520 | 7.92 |
|  | - | - | - | - | 3 | 7560 | 23.76 |
|  | - | - | - | - | - | 1008 | 3.17 |
| 6 | - | - | - | 2 | - | 48 | 0.26 |
|  | - | - | - | 1 | 0-3 | 2088 | 11.25 |
|  | - | - | - | - | 5 | 144 | 0.78 |
|  | - | - | - | - | 4 | 648 | 3.49 |
|  | - | - | - | - | 3 | 2844 | 15.32 |
|  | - | - | - | - | 2 | 5364 | 28.89 |
|  | - | - | - | - | 1 | 4320 | 23.27 |
|  | - | - | - | - | - | 1512 | 8.14 |
|  | - | - | - | - | - | 1512 | 8.14 |
|  | - | - | - | - | - | 84 | 0.45 |
| 5 | - | - | - | - | 2 | 396 | 4.62 |
|  | - | - | - | - | 1 | 2484 | 28.99 |
|  | - | - | - | - | - | 288 | 3.36 |
|  | - | - | - | - | - | 864 | 10.08 |
|  | - | - | - | - | - | 1008 | 11.76 |
|  | - | - | - | - | - | 3024 | 35.29 |
|  | - | - | - | - | - | 504 | 5.88 |

# System 56

## 21 Zahlen in 35 Neunerreihen (VEW-System)
Einsatz: ab 35 Euro

| | 1 | 2 | 3 | 4 | 5 | 6 | 7 | 8 | 9 | 10 | 11 | 12 | 13 | 14 | 15 | 16 | 17 | 18 | 19 | 20 | 21 | 22 | 23 | 24 | 25 | 26 | 27 | 28 | 29 | 30 | 31 | 32 | 33 | 34 | 35 |
|---|---|---|---|---|---|---|---|---|---|---|---|---|---|---|---|---|---|---|---|---|---|---|---|---|---|---|---|---|---|---|---|---|---|---|---|
| 1 | X | X | X | X | X | X | X | X | X | X | X | X | X | X | X | | | | | | | | | | | | | | | | | | | | |
| 2 | X | X | X | X | | | | | | | | | | | | X | X | X | X | X | X | X | X | | | | | | | | | | | | |
| 3 | X | | | | X | X | X | X | | | | | | | | X | X | X | X | | | | | | | X | X | X | X | X | | | | | |
| 4 | X | X | X | X | X | X | X | X | X | X | X | X | X | X | X | | | | | | | | | | | | | | | | | | | | |
| 5 | X | X | X | X | | | | | | | | | | | | | | | | X | X | X | X | X | X | X | X | | | | | | | | |
| 6 | X | | | | X | X | X | X | | | | | | | | | | | | X | X | X | X | | | | | | X | X | X | X | X | | |
| 7 | X | X | X | X | X | X | X | X | X | X | X | X | X | X | X | | | | | | | | | | | | | | | | | | | | |
| 8 | X | X | X | X | | | | | | | | | | | | X | X | X | X | X | X | X | X | | | | | | | | | | | | |
| 9 | X | | | | X | X | X | X | | | | | | | | | | | | X | X | X | X | | | X | X | X | X | X | | | | | |
| 10 | | X | | | X | | | | X | X | X | | | X | | | | | | X | | | | | | X | X | X | | | | X | X | X | |
| 11 | | | X | | | X | | | X | | | X | | | X | | X | X | | | X | | | X | | | X | X | | | X | X | | | X |
| 12 | | | | X | | | X | | | X | | | X | | | X | | | X | | | X | | | X | | | X | X | | | | X | | X |
| 13 | | | X | | | X | | | | | X | | | X | | | X | X | | | X | | | X | | | | X | X | | | | | X | X |
| 14 | | X | | | X | | | | X | X | X | | | | | | X | | | X | X | X | | | | X | X | X | | | | X | X | X | |
| 15 | | | X | | | X | | | X | | | X | | | X | | X | X | | | X | | | X | | | X | X | | | X | X | | | X |
| 16 | | | | X | | | X | | | X | | | X | | | X | | | X | | | X | | | X | | | X | X | | | | X | | X |
| 17 | | | X | | | X | | | | | X | | | X | | | X | X | | | X | | | X | | | | X | X | | | | | X | X |
| 18 | X | | | X | | | X | | X | X | X | | | | | | X | | | X | X | X | | | | X | X | X | | | | X | X | X | |
| 19 | | X | | | X | | | | X | | | X | | | X | | X | X | | | X | | | X | | | X | X | | | X | X | | | X |
| 20 | | | X | | | X | | | | X | | | X | | | X | | | X | | | X | | | X | | | X | X | | | | X | X | X |
| 21 | | | | X | | | X | | | | X | | | X | | | X | X | | | X | | | X | | | | X | X | | | | X | X | X |

## Garantietabelle System 56 (ohne Berechnung von Null-Treffern)

| Treffer | 9 | 8 | 7 | 6 | 5 | Fälle | Prozent |
|---|---|---|---|---|---|---|---|
| 20 | 20 | 15 | - | - | - | 21 | 100.00 |
| 19 | 20 | - | 15 | - | - | 21 | 10.00 |
|    | 10 | 20 | 5 | - | - | 189 | 90.00 |
| 18 | 20 | - | - | 15 | - | 7 | 0.53 |
|    | 10 | 10 | 10 | 5 | - | 378 | 28.42 |
|    | 4 | 18 | 12 | 1 | - | 945 | 71.05 |
| 17 | 10 | 0-10 | 0-20 | 0-10 | 5 | 315 | 5.26 |
|    | 4 | 12 | 10 | 8 | 1 | 2835 | 47.37 |
|    | 1 | 12 | 18 | 4 | - | 2835 | 47.37 |
| 16 | 10 | - | 10 | 10 | - | 126 | 0.62 |
|    | 4 | 6-12 | 4-12 | 6-8 | 4-8 | 3780 | 18.58 |
|    | 1 | 9 | 12 | 10 | 3 | 11340 | 55.73 |
|    | - | 5 | 20 | 10 | - | 5103 | 25.08 |
| 15 | 10 | - | - | 20 | - | 21 | 0.04 |
|    | 4 | 0-6 | 6-18 | 0-10 | 4-12 | 2835 | 5.22 |
|    | 1 | 6-9 | 9 | 4-12 | 5-9 | 20790 | 38.31 |
|    | - | 4 | 13 | 12 | 6 | 25515 | 47.02 |
|    | - | - | 15 | 20 | - | 5103 | 9.40 |
| 14 | 4 | 0-6 | 0-12 | 6-12 | 4-8 | 1260 | 1.08 |
|    | 1 | 3-6 | 6-9 | 9 | 7-9 | 22680 | 19.50 |
|    | - | 4 | 12 | 5 | 8 | 8505 | 7.31 |
|    | - | 3 | 8 | 13 | 8 | 51030 | 43.89 |
|    | - | - | 10 | 15 | 10 | 30618 | 26.33 |
|    | - | - | - | 35 | - | 2187 | 1.88 |
| 13 | 4 | - | 6 | 12 | - | 315 | 0.15 |
|    | 1 | 0-6 | 3-12 | 0-9 | 6-18 | 16065 | 7.89 |
|    | - | 3 | 7 | 8 | 9 | 34020 | 16.72 |
|    | - | 2 | 5 | 12 | 9 | 51030 | 25.08 |
|    | - | - | 10 | 10 | 5 | 10206 | 5.02 |
|    | - | - | 6 | 12 | 13 | 76545 | 37.62 |
|    | - | - | - | 20 | 15 | 15309 | 7.52 |
| 12 | 4 | - | - | 18 | - | 35 | 0.01 |
|    | 1 | 0-3 | 3-9 | 3-9 | 6-9 | 7560 | 2.57 |
|    | - | 3 | 6 | 3 | 12 | 5670 | 1.93 |
|    | - | 2 | 4 | 9 | 8 | 51030 | 17.36 |
|    | - | 1 | 4 | 8 | 12 | 25515 | 8.68 |
|    | - | - | 6 | 8 | 10 | 51030 | 17.36 |
|    | - | - | 3 | 10 | 12 | 102060 | 34.72 |
|    | - | - | - | 20 | - | 5103 | 1.74 |
|    | - | - | - | 10 | 20 | 45927 | 15.63 |
| 11 | 1 | 0-3 | 0-6 | 6-9 | 3-9 | 2310 | 0.65 |
|    | - | 2 | 3 | 6 | 9 | 17010 | 4.82 |
|    | - | 1 | 3 | 7 | 8 | 34020 | 9.65 |
|    | - | - | 6 | 4 | 8 | 8505 | 2.41 |
|    | - | - | 5 | - | 20 | 5103 | 1.45 |
|    | - | - | 3 | 7 | 10 | 102060 | 28.94 |
|    | - | - | 1 | 8 | 10 | 76545 | 21.70 |
|    | - | - | - | 10 | 10 | 30618 | 8.68 |
|    | - | - | - | 4 | 18 | 76545 | 21.70 |
| 10 | 1 | - | 3 | 9 | - | 420 | 0.12 |
|    | - | 2 | 2 | 3 | 12 | 1890 | 0.54 |
|    | - | 1 | 2 | 6 | 6 | 17010 | 4.82 |
|    | - | - | 4 | 1 | 12 | 8505 | 2.41 |
|    | - | - | 3 | 4 | 9 | 34020 | 9.65 |
|    | - | - | 1 | 6 | 8 | 102060 | 28.94 |
|    | - | - | - | 10 | - | 5103 | 1.45 |
|    | - | - | - | 5 | 10 | 30618 | 8.68 |
|    | - | - | - | 4 | 12 | 76545 | 21.70 |
|    | - | - | - | 1 | 12 | 76545 | 21.70 |

| Treffer | 9 | 8 | 7 | 6 | 5 | Fälle | Prozent |
|---|---|---|---|---|---|---|---|
| 9 | 1 | - | - | 12 | - | 35 | 0.01 |
|   | - | 1 | 1 | 5 | 6 | 3780 | 1.29 |
|   | - | - | 3 | 1-2 | 6-9 | 9450 | 3.22 |
|   | - | - | 1 | 4 | 7 | 51030 | 17.36 |
|   | - | - | - | 4 | 6-7 | 76545 | 26.04 |
|   | - | - | - | 1 | 9 | 102060 | 34.72 |
|   | - | - | - | - | 15 | 5103 | 1.74 |
|   | - | - | - | - | 5 | 45927 | 15.63 |
| 8 | - | 1 | - | 4 | 8 | 315 | 0.15 |
|   | - | - | 2 | 3 | 2 | 1890 | 0.93 |
|   | - | - | 1 | 2 | 7 | 11340 | 5.57 |
|   | - | - | - | 4 | - | 2835 | 1.39 |
|   | - | - | - | 3 | 5 | 34020 | 16.72 |
|   | - | - | - | 1 | 6 | 51030 | 25.08 |
|   | - | - | - | - | 10 | 10206 | 5.02 |
|   | - | - | - | - | 4 | 76545 | 37.62 |
|   | - | - | - | - | - | 15309 | 7.52 |
| 7 | - | - | 1 | 0-4 | 0-8 | 1260 | 1.08 |
|   | - | - | - | 2 | 4 | 11340 | 9.75 |
|   | - | - | - | 1 | 3 | 11340 | 9.75 |
|   | - | - | - | - | 6 | 8505 | 7.31 |
|   | - | - | - | - | 3 | 51030 | 43.89 |
|   | - | - | - | - | - | 30618 | 26.33 |
|   | - | - | - | - | - | 2187 | 1.88 |
| 6 | - | - | - | 5 | - | 21 | 0.04 |
|   | - | - | - | 1 | 0-4 | 2835 | 5.22 |
|   | - | - | - | - | 3 | 3780 | 6.97 |
|   | - | - | - | - | 2 | 17010 | 31.35 |
|   | - | - | - | - | - | 25515 | 47.02 |
|   | - | - | - | - | - | 5103 | 9.40 |
| 5 | - | - | - | - | 5 | 126 | 0.62 |
|   | - | - | - | - | 1 | 3780 | 18.58 |
|   | - | - | - | - | - | 11340 | 55.73 |
|   | - | - | - | - | - | 5103 | 25.08 |

# Systeme für Kenotyp 10

## System 57

**11 Zahlen in 11 Zehnerreihen (Vollsystem)**
**Einsatz: ab 11 Euro**

|    | 1 | 2 | 3 | 4 | 5 | 6 | 7 | 8 | 9 | 10 | 11 |
|----|---|---|---|---|---|---|---|---|---|----|----|
| 1  | X | X | X | X | X | X | X | X | X |    |    |
| 2  | X | X | X | X | X | X | X | X |   |    | X  |
| 3  | X | X | X | X | X | X | X |   | X | X  |    |
| 4  | X | X | X | X | X | X |   |   | X | X  | X  |
| 5  | X | X | X | X | X |   |   | X | X | X  | X  |
| 6  | X | X | X | X |   | X | X | X |   | X  | X  |
| 7  | X | X | X |   | X | X | X | X | X |    | X  |
| 8  | X | X |   | X | X | X | X | X | X | X  |    |
| 9  | X | X |   | X | X | X | X | X | X | X  |    |
| 10 | X |   | X | X | X | X | X | X | X |    | X  |
| 11 |   | X | X | X | X | X | X | X | X | X  |    |

### Garantietabelle System 57

| Treffer | 10 | 9  | 8 | 7 | 6 | 5 | 0  | Fälle | Prozent | Gewinn € |
|---------|----|----|---|---|---|---|----|-------|---------|----------|
| 11      | 11 | -  | - | - | - | - | -  | 1     | 100.00  | 500.000* |
| 10      | 1  | 10 | - | - | - | - | -  | 11    | 100.00  | 110.000  |
| 9       | -  | 2  | 9 | - | - | - | -  | 55    | 100.00  | 2.900    |
| 8       | -  | -  | 3 | 8 | - | - | -  | 165   | 100.00  | 420      |
| 7       | -  | -  | - | 4 | 7 | - | -  | 330   | 100.00  | 95       |
| 6       | -  | -  | - | - | 5 | 6 | -  | 462   | 100.00  | 37       |
| 5       | -  | -  | - | - | - | 6 | -  | 462   | 100.00  | 12       |
| 1       | -  | -  | - | - | - | - | 1  | 11    | 100.00  | 2        |
| 0       | -  | -  | - | - | - | - | 11 | 1     | 100.00  | 22       |

\* Maximalgewinn

# System 58

## 12 Zahlen in 66 Zehnerreihen (Vollsystem)
Einsatz: ab 66 Euro

## Garantietabelle System 58

| Treffer | 10 | 9 | 8 | 7 | 6 | 5 | 0 | Fälle | Prozent | Gewinn € | |
|---|---|---|---|---|---|---|---|---|---|---|---|
| 12 | 66 | - | - | - | - | - | | 1 | 100.00 | 500.000* | * Maximalgewinn |
| 11 | 11 | 55 | - | - | - | - | | 12 | 100.00 | 555.000* | |
| 10 | 1 | 20 | 45 | - | - | - | | 66 | 100.00 | 124.500 | |
| 9 | - | 3 | 27 | 36 | - | - | | 220 | 100.00 | 6.240 | |
| 8 | - | - | 6 | 32 | 28 | - | | 495 | 100.00 | 1.220 | |
| 7 | - | - | - | 10 | 35 | 21 | | 792 | 100.00 | 367 | |
| 6 | - | - | - | - | 15 | 36 | | 924 | 100.00 | 147 | |
| 5 | - | - | - | - | - | 21 | | 792 | 100.00 | 42 | |
| 2 | - | - | - | - | - | - | 1 | 66 | 100.00 | 2 | |
| 1 | - | - | - | - | - | - | 11 | 12 | 100.00 | 22 | |
| 0 | - | - | - | - | - | - | 66 | 12 | 100.00 | 132 | |

## System 59

**12 Zahlen in 6 Zehnerreihen (VEW-System)**
**Einsatz: ab 6 Euro**

|    | 1 | 2 | 3 | 4 | 5 | 6 |
|----|---|---|---|---|---|---|
| 1  | X | X | X | X | X |   |
| 2  | X | X | X | X | X |   |
| 3  | X | X | X | X |   | X |
| 4  | X | X | X | X |   | X |
| 5  | X | X | X |   | X | X |
| 6  | X | X | X |   | X | X |
| 7  | X | X |   | X | X | X |
| 8  | X | X |   | X | X | X |
| 9  | X |   | X | X | X | X |
| 10 | X |   | X | X | X | X |
| 11 |   | X | X | X | X | X |
| 12 |   | X | X | X | X | X |

### Garantietabelle System 59

| Treffer | 10 | 9 | 8 | 7 | 6 | 5 | 0 | Fälle | Prozent | Gewinn € |
|---------|----|----|----|----|----|----|----|-------|---------|----------|
| 12 | 6 | - | - | - | - | - | - | 1 | 100.00 | 500.000* |
| 11 | 1 | 5 | - | - | - | - | - | 12 | 100.00 | 105.000 |
| 10 | 1 | - | 5 | - | - | - | - | 6 | 9.09 | 100.500 |
|    | - | 2 | 4 | - | - | - | - | 60 | 90.91 | 2.400 |
| 9 | - | 1 | 1 | 4 | - | - | - | 60 | 27.27 | 1.160 |
|   | - | - | 3 | 3 | - | - | - | 160 | 72.73 | 345 |
| 8 | - | - | 2 | - | 4 | - | - | 15 | 3.03 | 220 |
|   | - | - | 1 | 2 | 3 | - | - | 240 | 48.48 | 145 |
|   | - | - | - | 4 | 2 | - | - | 240 | 48.48 | 70 |
| 7 | - | - | - | 2 | 1 | 3 | - | 120 | 15.15 | 41 |
|   | - | - | - | 1 | 3 | 2 | - | 480 | 60.61 | 34 |
|   | - | - | - | - | 5 | 1 | - | 192 | 24.24 | 27 |
| 6 | - | - | - | - | 3 | - | - | 20 | 2.16 | 15 |
|   | - | - | - | - | 2 | 2 | - | 360 | 38.96 | 14 |
|   | - | - | - | - | 1 | 4 | - | 480 | 51.95 | 13 |
|   | - | - | - | - | - | 6 | - | 64 | 6.93 | 12 |
| 5 | - | - | - | - | - | 3 | - | 120 | 15.15 | 6 |
|   | - | - | - | - | - | 2 | - | 480 | 60.61 | 4 |
|   | - | - | - | - | - | 1 | - | 192 | 24.24 | 2 |
| 2 | - | - | - | - | - | - | 1 | 6 | 9.09 | 2 |
|   | - | - | - | - | - | - | - | 60 | 90.91 | 0 |
| 1 | - | - | - | - | - | - | 1 | 12 | 100.00 | 2 |
| 0 | - | - | - | - | - | - | 6 | 1 | 100.00 | 12 |

* Maximalgewinn

# System 60

## 14 Zahlen in 21 Zehnerreihen (VEW-System)
## Einsatz: ab 21 Euro

|    | 1 | 2 | 3 | 4 | 5 | 6 | 7 | 8 | 9 | 10 | 11 | 12 | 13 | 14 | 15 | 16 | 17 | 18 | 19 | 20 | 21 |
|----|---|---|---|---|---|---|---|---|---|----|----|----|----|----|----|----|----|----|----|----|----|
| 1  | X | X | X | X | X | X | X | X | X | X  | X  | X  | X  | X  |    |    |    |    |    |    |    |
| 2  | X | X | X | X | X | X | X | X | X | X  |    |    |    |    |    | X  | X  | X  | X  | X  |    |
| 3  | X | X | X | X | X | X |   |   |   |    | X  | X  | X  |    | X  | X  | X  | X  |    |    | X  |
| 4  | X | X | X |   |   |   | X | X | X |    | X  | X  | X  |    | X  | X  | X  | X  |    | X  | X  |
| 5  | X |   |   | X | X |   | X | X |   |    | X  | X  | X  |    | X  | X  | X  | X  |    | X  | X  |
| 6  |   | X |   | X |   | X | X |   | X | X  |    | X  | X  | X  | X  | X  | X  | X  |    | X  | X  |
| 7  |   | X |   | X | X |   | X | X |   | X  |    | X  | X  | X  |    | X  | X  | X  | X  | X  | X  |
| 8  |   | X |   | X |   | X | X |   | X | X  |    | X  | X  | X  |    | X  | X  | X  | X  | X  | X  |
| 9  |   | X |   | X | X |   | X | X |   | X  |    | X  | X  | X  |    | X  | X  | X  | X  | X  | X  |
| 10 | X |   |   | X | X |   | X | X |   | X  |    | X  | X  | X  |    | X  | X  |    | X  | X  | X  |
| 11 | X | X | X |   |   |   | X | X | X |    | X  | X  | X  |    | X  | X  | X  |    |    | X  | X  |
| 12 | X | X | X | X | X | X | X | X | X | X  | X  | X  | X  | X  |    |    |    |    |    |    |    |
| 13 | X | X | X | X | X | X | X | X | X |    |    |    |    |    |    | X  | X  | X  | X  | X  |    |
| 14 | X | X | X | X | X | X |   |   |   |    |    | X  | X  | X  |    | X  | X  | X  | X  |    | X  |

## Garantietabelle System 60

| Treffer | 10 | 9 | 8 | 7 | 6 | 5 | 0 | Fälle | Prozent | Gewinn € |
|---------|----|----|----|----|----|----|----|-------|---------|----------|
| 14 | 21 | - | - | - | - | - | - | 1 | 100.00 | 500.000* |
| 13 | 6 | 15 | - | - | - | - | - | 14 | 100.00 | 515.000* |
| 12 | 6 | - | 15 | - | - | - | - | 7 | 7.69 | 501.500* |
|    | 1 | 10 | 10 | - | - | - | - | 84 | 92.31 | 111.000 |
| 11 | 1 | 5 | 5 | 10 | - | - | - | 84 | 23.08 | 105.650 |
|    | - | 3 | 12 | 6 | - | - | - | 280 | 76.92 | 4.290 |
| 10 | 1 | - | 10 | - | 10 | - | - | 21 | 2.10 | 101.050 |
|    | - | 2 | 5 | 8 | 6 | - | - | 420 | 41.96 | 2.650 |
|    | - | - | 6 | 12 | 3 | - | - | 560 | 55.94 | 795 |
| 9 | - | 1 | 2 | 8 | 4 | 6 | - | 210 | 10.49 | 1.352 |
|   | - | - | 3 | 6 | 9 | 3 | - | 1120 | 55.94 | 441 |
|   | - | - | - | 10 | 10 | 1 | - | 672 | 33.57 | 202 |
| 8 | - | - | 3 | - | 12 | - | - | 35 | 1.17 | 360 |
|   | - | - | 1 | 4 | 7 | 6 | - | 840 | 27.97 | 207 |
|   | - | - | - | 4 | 8 | 8 | - | 1680 | 55.94 | 116 |
|   | - | - | - | - | 15 | 6 | - | 448 | 14.92 | 87 |
| 7 | - | - | - | 3 | 3 | 9 | - | 280 | 8.16 | 78 |
|   | - | - | - | 1 | 6 | 7 | - | 1680 | 48.95 | 59 |
|   | - | - | - | - | 5 | 11 | - | 1344 | 39.16 | 47 |
|   | - | - | - | - | - | 21 | - | 128 | 3.73 | 42 |
| 6 | - | - | - | - | 6 | - | - | 35 | 1.17 | 30 |
|   | - | - | - | - | 3 | 6 | - | 840 | 27.97 | 27 |
|   | - | - | - | - | 1 | 8 | - | 1680 | 55.94 | 21 |
|   | - | - | - | - | - | 6 | - | 448 | 14.92 | 12 |
| 5 | - | - | - | - | - | 6 | - | 210 | 10.49 | 12 |
|   | - | - | - | - | - | 3 | - | 1120 | 55.94 | 6 |
|   | - | - | - | - | - | 1 | - | 672 | 33.57 | 2 |
| 4 | - | - | - | - | - | - | 1 | 21 | 2.10 | 2 |
|   | - | - | - | - | - | - | - | 980 | 97.90 | 0 |
| 3 | - | - | - | - | - | - | 1 | 84 | 23.08 | 2 |
|   | - | - | - | - | - | - | - | 280 | 76.92 | 0 |
| 2 | - | - | - | - | - | - | 6 | 7 | 7.69 | 12 |
|   | - | - | - | - | - | - | 1 | 84 | 92.31 | 2 |
| 1 | - | - | - | - | - | - | 6 | 14 | 100.00 | 12 |
| 0 | - | - | - | - | - | - | 21 | 1 | 100.00 | 42 |

* Maximalgewinn

System 61

14 Zahlen in 77 Zehnerreihen (VEW-System)
Einsatz: ab 77 Euro

```
 1  1  1  1  1     1  1  1  1  1     1  1  1  1  1     1  1  1  1  1
 2  2  2  2  2     2  2  2  2  2     2  2  2  2  2     2  2  2  2  2
 3  3  3  3  3     3  3  3  3  3     3  3  3  3  3     3  3  3  3  3
 4  4  4  4  4     4  4  4  4  4     4  4  4  4  4     4  4  4  5  5
 5  5  5  5  5     5  5  5  5  5     5  5  5  5  7     7  7  9  7  7
 6  6  6  6  6     6  6  6  6  6     6  6  6  6  8     8  8 10  8  8
 7  7  7  7  7     7  7  8  8  8     8  9  9 11  9     9 11 11  9  9
 8  8  8  9  9    10 10  9  9 10    10 10 10 12 10    10 12 12 10 10
 9 11 13 11 12    11 12 11 12 11    12 11 13 13 11    13 13 13 11 12
10 12 14 13 14    14 13 14 13 13    14 12 14 14 12    14 14 14 13 14

 1  1  1  1  1     1  1  1  1  1     1  1  1  1  1     1  1  1  1  1
 2  2  2  2  2     2  2  2  2  2     2  2  2  2  2     2  2  2  2  3
 3  3  3  3  3     3  4  4  4  4     4  4  4  4  5     5  5  5  7  4
 5  5  6  6  6     6  5  5  5  5     6  6  6  6  6     6  6  6  8  5
 7  8  7  7  7     8  7  7  7  8     7  7  7  8  7     7  7  9  9  7
 9 10  8  8 10     9  8  8 10  9     8  8  9 10  8     8  8 10 10  8
11 11  9  9 11    11  9  9 11 11     9  9 11 11  9     9 11 11 11  9
12 12 10 10 12    12 10 10 12 12    10 10 12 12 10    10 12 12 12 11
13 13 11 12 13    13 11 12 13 13    11 12 13 13 11    13 13 13 13 12
14 14 14 13 14    14 14 13 14 14    13 14 14 14 12    14 14 14 14 13

 1  1  1  1  1     1  1  1  1  1     1  1  1  1  1     2  2  2  2  2
 3  3  3  3  3     3  3  3  3  3     3  4  4  4  4     3  3  3  3  3
 4  4  4  4  4     4  4  5  5  5     5  5  5  5  5     4  4  4  4  4
 5  5  5  6  6     6  6  6  6  6     6  6  6  6  6     5  5  5  5  6
 7  7  8  7  7     7  8  7  7  7     8  7  7  7  8     7  7  7  8  7
 8  9  9  8  8     9  9  8  8  9     9  8  8  9  9     8  8  9  9  8
10 10 10  9 10    10 10  9 10 10    10  9 10 10 10     9 10 10 10  9
11 11 12 11 11    12 11 11 12 11    11 12 11 11 11    11 11 12 11 11
12 13 13 12 12    13 13 13 13 12    12 13 13 12 12    12 12 13 13 12
14 14 14 14 13    14 14 14 14 13    14 14 14 14 13    14 13 14 14 13
```

Fortsetzung System 61

```
2  2  2  2  2     2  2  2  2  2     2  3  3  3  3     3  5
3  3  3  3  3     3  3  4  4  4     4  4  4  4  4     4  6
4  4  4  5  5     5  5  5  5  5     5  5  5  5  5     7  7
6  6  6  6  6     6  6  6  6  6     6  6  6  6  6     8  8
7  7  8  7  7     7  8  7  7  7     8  7  7  7  9     9  9
8  9  9  8  8     9  9  8  8  9     9  8  8  8  10    10 10
10 10 10 9  10    10 10 9  10 10    10 9  9  11 11    11 11
11 11 12 12 11    11 11 11 12 11    11 10 10 12 12    12 12
12 13 13 13 13    12 12 13 13 12    12 11 13 13 13    13 13
14 14 14 14 14    14 13 14 14 13    14 12 14 14 14    14 14
```

Garantietabelle System 61 (ohne Berechnung der Null-Treffer)

| Treffer | 10 | 9 | 8 | 7 | 6 | 5 | Fälle | Prozent |
|---|---|---|---|---|---|---|---|---|
| 14 | 77 | - | - | - | - | - | 1 | 100.00 |
| 13 | 22 | 55 | - | - | - | - | 14 | 100.00 |
| 12 | 6 | 32 | 39 | - | - | - | 7 | 7.69 |
|    | 5 | 34 | 38 | - | - | - | 84 | 92.31 |
| 11 | 1 | 12-13 | 37-39 | 25-26 | - | - | 308 | 84.62 |
|    | - | 15 | 36 | 26 | - | - | 56 | 15.38 |
| 10 | 1 | - | 24-26 | 32-36 | 16-18 | - | 77 | 7.69 |
|    | - | 4 | 18-19 | 38-40 | 15-16 | - | 392 | 39.16 |
|    | - | 3 | 21 | 37 | 16 | - | 448 | 44.76 |
|    | - | 2 | 25 | 32 | 18 | - | 84 | 8.39 |
| 9  | - | 1 | 2-6 | 27-40 | 20-34 | 9-14 | 770 | 38.46 |
|    | - | - | 9 | 24 | 35 | 9 | 224 | 11.19 |
|    | - | - | 8 | 26-27 | 32-34 | 9-10 | 1008 | 50.35 |
| 8  | - | - | 3 | 0-8 | 35-60 | 0-26 | 315 | 10.49 |
|    | - | - | 1 | 12-14 | 29-35 | 22-28 | 2520 | 83.92 |
|    | - | - | - | 16 | 28 | 28 | 168 | 5.59 |
| 7  | - | - | - | 7 | 0-7 | 45-63 | 72 | 2.10 |
|    | - | - | - | 3 | 15-19 | 32-45 | 2016 | 58.74 |
|    | - | - | - | 2 | 21 | 31-32 | 1344 | 39.16 |
| 6  | - | - | - | - | 14 | - | 7 | 0.23 |
|    | - | - | - | - | 7 | 18-22 | 448 | 14.92 |
|    | - | - | - | - | 6 | 24 | 196 | 6.53 |
|    | - | - | - | - | 5 | 26-28 | 2352 | 78.32 |
| 5  | - | - | - | - | - | 14 | 42 | 2.10 |
|    | - | - | - | - | - | 10 | 1176 | 58.74 |
|    | - | - | - | - | - | 9 | 784 | 39.16 |

# System 62

## 15 Zahlen in 6 Zehnerreihen (VEW-System)
## Einsatz: ab 6 Euro

|    | 1 | 2 | 3 | 4 | 5 | 6 |
|----|---|---|---|---|---|---|
| 1  | X | X | X |   |   |   |
| 2  | X | X | X |   | X |   |
| 3  | X | X | X |   |   | X |
| 4  | X | X |   | X | X |   |
| 5  | X | X |   | X |   | X |
| 6  | X | X |   |   | X | X |
| 7  | X |   | X | X | X |   |
| 8  | X |   | X | X |   | X |
| 9  | X |   | X |   | X | X |
| 10 | X |   |   | X | X | X |
| 11 |   | X | X | X | X |   |
| 12 |   | X | X | X |   | X |
| 13 |   | X | X |   | X | X |
| 14 |   | X |   | X | X | X |
| 15 |   |   | X | X | X | X |

### Garantietabelle System 62
(ohne Null-Treffer-Berechnung)

| Treffer | 10 | 9 | 8 | 7 | 6 | 5 | Fälle | Prozent |
|---|---|---|---|---|---|---|---|---|
| 15 | 6 | - | - | - | - | - | 1 | 100.00 |
| 14 | 2 | 4 | - | - | - | - | 15 | 100.00 |
| 13 | 1 | 2 | 3 | - | - | - | 60 | 57.14 |
|    | - | 4 | 2 | - | - | - | 45 | 42.86 |
| 12 | 1 | - | 3 | 2 | - | - | 60 | 13.19 |
|    | - | 3 | - | 3 | - | - | 20 | 4.40 |
|    | - | 2 | 2 | 2 | - | - | 180 | 39.56 |
|    | - | 1 | 4 | 1 | - | - | 180 | 39.56 |
|    | - | - | 6 | - | - | - | 15 | 3.30 |
| 11 | 1 | - | - | 4 | 1 | - | 30 | 2.20 |
|    | - | 1 | 0-2 | 1-5 | 0-2 | - | 600 | 43.96 |
|    | - | - | 4 | - | 2 | - | 45 | 3.30 |
|    | - | - | 3 | 2 | 1 | - | 420 | 30.77 |
|    | - | - | 2 | 4 | - | - | 270 | 19.78 |
| 10 | 1 | - | - | - | 5 | - | 6 | 0.20 |
|    | - | 1 | - | 1-2 | 2-4 | 0-1 | 300 | 9.99 |
|    | - | - | 2 | 0-2 | 0-4 | 0-2 | 540 | 17.98 |
|    | - | - | 1 | 2-3 | 1-3 | 0-1 | 1620 | 53.95 |
|    | - | - | - | 5 | - | 1 | 72 | 2.40 |
|    | - | - | - | 4 | 2 | - | 465 | 15.48 |
| 9 | - | 1 | - | - | 2 | 3 | 60 | 1.20 |
|   | - | - | 1 | 0-1 | 1-4 | 0-3 | 1350 | 26.97 |
|   | - | - | - | 4 | - | - | 15 | 0.30 |
|   | - | - | 3 | 0-1 | 1-3 | - | 480 | 9.59 |
|   | - | - | - | 2 | 2-3 | 0-2 | 1950 | 38.96 |
|   | - | - | - | 1 | 4 | 1 | 1080 | 21.58 |
|   | - | - | - | - | 6 | - | 70 | 1.40 |
| 8 | - | - | 1 | - | 0-1 | 2-4 | 270 | 4.20 |
|   | - | - | - | 2 | - | 2-3 | 240 | 3.73 |
|   | - | - | - | 1 | 0-3 | 0-5 | 3120 | 48.48 |
|   | - | - | - | - | 4 | 0-1 | 375 | 5.83 |
|   | - | - | - | - | 3 | 2 | 1620 | 25.17 |
|   | - | - | - | - | 2 | 4 | 810 | 12.59 |
| 7 | - | - | - | 1 | 0-1 | 0-3 | 720 | 11.19 |
|   | - | - | - | - | 2 | 0-2 | 1455 | 22.61 |
|   | - | - | - | - | 1 | 2-4 | 3270 | 50.82 |
|   | - | - | - | - | - | 5 | 180 | 2.80 |
|   | - | - | - | - | - | 4 | 810 | 12.59 |
| 6 | - | - | - | - | 2 | - | 15 | 0.30 |
|   | - | - | - | - | 1 | 0-1 | 1230 | 24.58 |
|   | - | - | - | - | - | 3 | 540 | 10.79 |
|   | - | - | - | - | - | 2 | 2070 | 41.36 |
|   | - | - | - | - | - | 1 | 1080 | 21.58 |
|   | - | - | - | - | - | - | 70 | 1.40 |
| 5 | - | - | - | - | - | 2 | 90 | 3.00 |
|   | - | - | - | - | - | 1 | 1332 | 44.36 |
|   | - | - | - | - | - | - | 6 | 0.20 |
|   | - | - | - | - | - | - | 210 | 6.99 |
|   | - | - | - | - | - | - | 900 | 29.97 |
|   | - | - | - | - | - | - | 465 | 15.48 |

# System 63

## 15 Zahlen in 33 Zehnerreihen (VEW-System)
## Einsatz: ab 33 Euro

|    | 1 | 2 | 3 | 4 | 5 | 6 | 7 | 8 | 9 | 10 | 11 | 12 | 13 | 14 | 15 | 16 | 17 | 18 | 19 | 20 | 21 | 22 | 23 | 24 | 25 | 26 | 27 | 28 | 29 | 30 | 31 | 32 | 33 |
|----|---|---|---|---|---|---|---|---|---|----|----|----|----|----|----|----|----|----|----|----|----|----|----|----|----|----|----|----|----|----|----|----|----|
| 1  | X | X | X | X | X | X | X | X | X | X  | X  | X  | X  | X  | X  | X  | X  | X  | X  | X  | X  | X  |    |    |    |    |    |    |    |    |    |    |    |
| 2  | X | X | X | X | X | X | X | X | X | X  | X  | X  | X  |    |    |    |    |    |    |    |    |    | X  | X  | X  | X  | X  | X  | X  |    |    |    |    |
| 3  | X | X | X | X | X | X | X |   |   |    |    |    |    |    | X  | X  | X  | X  | X  |    |    |    | X  | X  | X  | X  | X  |    |    |    | X  | X  |    |
| 4  | X | X | X | X | X |   |   | X | X | X  | X  |    |    |    | X  | X  | X  |    |    | X  |    |    | X  | X  | X  | X  |    |    | X  | X  | X  |    | X  |
| 5  | X | X | X | X |   | X |   |   | X | X  |    |    | X  |    |    | X  | X  |    | X  | X  | X  | X  |    |    | X  | X  |    | X  | X  |    |    | X  | X  |
| 6  | X | X | X |   |   | X | X |   |   | X  |    | X  |    |    | X  | X  |    | X  | X  | X  | X  |    |    | X  | X  | X  | X  |    |    | X  |    |    | X  |
| 7  | X | X |   |   | X |   |   | X | X |    | X  |    | X  | X  | X  | X  | X  | X  |    | X  |    |    | X  | X  |    | X  | X  | X  | X  |    |    |    | X  |
| 8  | X |   |   | X |   | X | X | X |   | X  | X  | X  |    | X  | X  |    | X  |    | X  | X  |    |    | X  | X  | X  | X  |    | X  |    |    | X  | X  | X  |
| 9  |   | X |   | X | X |   | X | X |   |    | X  | X  | X  |    | X  | X  | X  |    |    |    | X  | X  |    | X  | X  |    | X  |    | X  | X  |    | X  | X  |
| 10 |   | X |   |   | X |   | X |   | X | X  |    | X  | X  | X  | X  | X  | X  | X  |    |    | X  | X  |    | X  |    | X  | X  | X  |    |    | X  | X  | X  |
| 11 | X |   | X |   |   | X | X | X |   |    | X  | X  |    | X  | X  |    |    | X  | X  | X  |    | X  |    | X  | X  |    | X  | X  | X  |    | X  | X  | X  |
| 12 |   | X |   |   | X | X | X |   | X | X  | X  | X  | X  |    |    | X  | X  |    |    | X  | X  | X  |    | X  | X  | X  | X  |    |    | X  | X  | X  | X  |
| 13 | X |   |   | X | X |   |   | X | X | X  |    | X  |    |    |    | X  | X  | X  | X  |    | X  | X  |    | X  |    | X  | X  |    |    | X  | X  | X  | X  |
| 14 |   | X | X | X |   |   | X | X | X |    | X  |    | X  | X  |    |    | X  | X  |    | X  |    |    | X  | X  | X  |    | X  |    | X  | X  | X  | X  | X  |
| 15 | X | X | X | X |   | X |   | X |   |    |    |    | X  | X  | X  |    | X  | X  |    | X  | X  |    | X  | X  | X  | X  | X  | X  |    |    | X  | X  |    |

## Garantietabelle System 63 (ohne Null-Treffer-Berechnung)

| Treffer | 10 | 9 | 8 | 7 | 6 | 5 | Fälle | Prozent |
|---------|----|----|----|----|----|----|-------|---------|
| 15 | 33 | - | - | - | - | - | 1 | 100.00 |
| 14 | 11 | 22 | - | - | - | - | 15 | 100.00 |
| 13 | 4 | 14 | 15 | - | - | - | 15 | 14.29 |
|    | 3 | 16 | 14 | - | - | - | 90 | 85.71 |
| 12 | 1 | 6-7 | 16-18 | 8-9 | - | - | 330 | 72.53 |
|    | - | 12 | 9 | 12 | - | - | 5 | 1.10 |
|    | - | 9 | 15 | 9 | - | - | 120 | 26.37 |
| 11 | 1 | - | 12-14 | 12-16 | 4-6 | - | 165 | 12.09 |
|    | - | 4 | 7-8 | 16-18 | 4-5 | - | 150 | 10.99 |
|    | - | 3 | 9-12 | 11-17 | 4-7 | - | 660 | 48.35 |
|    | - | 2 | 12-13 | 12-14 | 5-6 | - | 360 | 26.37 |
|    | - | - | 18 | 8 | 7 | - | 30 | 2.20 |
| 10 | 1 | - | - | 20-22 | 6-10 | 2-4 | 33 | 1.10 |
|    | - | 1 | 2-5 | 11-18 | 9-14 | 2-4 | 1650 | 54.95 |
|    | - | - | 9 | 6 | 16 | 2 | 30 | 1.00 |
|    | - | - | 8 | 8 | 15 | 2 | 60 | 2.00 |
|    | - | - | 7 | 10-12 | 10-14 | 2-4 | 600 | 19.98 |
|    | - | - | 6 | 12-13 | 11-13 | 2-3 | 330 | 10.99 |
|    | - | - | 5 | 16 | 8 | 4 | 240 | 7.99 |
|    | - | - | 4 | 18 | 7 | 4 | 60 | 2.00 |
| 9 | - | 1 | - | 6-8 | 14-19 | 4-9 | 330 | 6.59 |
|   | - | - | 3 | 4-6 | 15-18 | 6-8 | 280 | 5.59 |
|   | - | - | 2 | 6-9 | 10-17 | 6-12 | 2400 | 47.95 |
|   | - | - | 1 | 8-11 | 9-17 | 4-12 | 1785 | 35.66 |
|   | - | - | - | 13 | 8 | 11 | 120 | 2.40 |
|   | - | - | - | 12 | 10 | 10 | 30 | 0.60 |
|   | - | - | - | 10 | 16 | 4 | 60 | 1.20 |
| 8 | - | - | 1 | 0-2 | 9-16 | 8-17 | 1485 | 23.08 |
|   | - | - | - | 5 | 7-9 | 12-16 | 600 | 9.32 |
|   | - | - | - | 4 | 8-12 | 8-17 | 2010 | 31.24 |
|   | - | - | - | 3 | 11-13 | 9-14 | 1920 | 29.84 |
|   | - | - | - | 2 | 13-15 | 8-14 | 420 | 6.53 |

| Treffer | 10 | 9 | 8 | 7 | 6 | 5 | Fälle | Prozent |
|---------|----|----|----|----|----|----|-------|---------|
| 7 | - | - | - | 2 | 1-3 | 12-16 | 360 | 5.59 |
|   | - | - | - | 1 | 3-6 | 9-17 | 3240 | 50.35 |
|   | - | - | - | - | 9 | 8 | 60 | 0.93 |
|   | - | - | - | - | 8 | 8-10 | 705 | 10.96 |
|   | - | - | - | - | 7 | 10-13 | 990 | 15.38 |
|   | - | - | - | - | 6 | 14-15 | 1020 | 15.85 |
|   | - | - | - | - | 5 | 16 | 60 | 0.93 |
| 6 | - | - | - | - | 3 | 4-6 | 280 | 5.59 |
|   | - | - | - | - | 2 | 5-9 | 1785 | 35.66 |
|   | - | - | - | - | 1 | 7-11 | 2520 | 50.35 |
|   | - | - | - | - | - | 12 | 420 | 8.39 |
| 5 | - | - | - | - | - | 4 | 630 | 20.98 |
|   | - | - | - | - | - | 3 | 1050 | 34.97 |
|   | - | - | - | - | - | 2 | 1323 | 44.06 |

System 64

16 Zahlen in 16 Zehnerreihen (VEW-System)
Einsatz: ab 16 Euro

|   | 1 | 2 | 3 | 4 | 5 | 6 | 7 | 8 | 9 | 10 | 11 | 12 | 13 | 14 | 15 | 16 |
|---|---|---|---|---|---|---|---|---|---|----|----|----|----|----|----|----|
| 1 | X | X | X | X | X | X | X | X | X |    |    |    |    |    |    |    |
| 2 | X | X | X | X | X |   |   |   |   |    | X  | X  | X  |    |    |    |
| 3 | X | X | X | X |   |   | X | X |   |    | X  | X  |    |    | X  | X  |
| 4 | X | X | X | X |   |   |   | X | X |    |    | X  | X  | X  |    |    |
| 5 | X | X |   |   | X | X | X |   | X |    | X  |    | X  |    | X  | X  |
| 6 | X | X |   |   | X | X |   | X |   | X  |    | X  |    | X  | X  | X  |
| 7 |   |   | X | X | X | X |   | X | X |    | X  |    |    | X  | X  | X  |
| 8 |   | X | X | X | X | X |   |   | X |    |    | X  | X  |    | X  | X  |
| 9 | X |   | X |   | X |   | X | X | X |    |    | X  | X  | X  |    |    |
| 10 |   | X |   | X |   | X | X | X |   |    | X  | X  | X  |    |    | X  |
| 11 | X |   | X |   |   | X | X | X |   | X  | X  |    |    | X  | X  |    |
| 12 |   | X |   | X | X |   | X | X |   | X  | X  |    |    | X  | X  | X  |
| 13 | X |   |   | X | X |   | X |   | X | X  | X  | X  |    |    | X  |    |
| 14 |   | X | X |   |   | X | X |   | X | X  | X  |    |    | X  | X  |    |
| 15 |   | X | X |   | X |   |   | X | X | X  | X  | X  |    |    |    | X  |
| 16 | X |   |   | X |   | X |   | X | X | X  | X  | X  |    |    |    | X  |

Garantietabelle System 64
(ohne Null-Treffer-Berechnung)

| Treffer | 10 | 9 | 8 | 7 | 6 | 5 | Fälle | Prozent |
|---|---|---|---|---|---|---|---|---|
| 16 | 16 | - | - | - | - | - | 1 | 100.00 |
| 15 | 6 | 10 | - | - | - | - | 16 | 100.00 |
| 14 | 2 | 8 | 6 | - | - | - | 120 | 100.00 |
| 13 | 1 | 3 | 9 | 3 | - | - | 320 | 57.14 |
|    | - | 6 | 6 | 4 | - | - | 240 | 42.86 |
| 12 | 1 | - | 6 | 8 | 1 | - | 240 | 13.19 |
|    | - | 4 | - | 12 | - | - | 80 | 4.40 |
|    | - | 2 | 6 | 6 | 2 | - | 1440 | 79.12 |
|    | - | - | 12 | - | 4 | - | 60 | 3.30 |
| 11 | 1 | - | - | 10 | 5 | - | 96 | 2.20 |
|    | - | 1 | 2-3 | 5-8 | 4-7 | 0-1 | 2400 | 54.95 |
|    | - | - | 5 | 5 | 5 | 1 | 1152 | 26.37 |
|    | - | - | 4 | 8 | 2 | 2 | 720 | 16.48 |
| 10 | 1 | - | - | - | 15 | - | 16 | 0.20 |
|    | - | 1 | - | 4 | 8 | 3 | 960 | 11.99 |
|    | - | - | 3 | - | 12 | - | 240 | 3.00 |
|    | - | - | 2 | 4 | 6 | 4 | 3600 | 44.96 |
|    | - | - | 1 | 6 | 6 | 2 | 2880 | 35.96 |
|    | - | - | - | 10 | - | 6 | 192 | 2.40 |
|    | - | - | - | 8 | 6 | - | 120 | 1.50 |
| 9 | - | 1 | - | - | 6 | 9 | 160 | 1.40 |
|    | - | - | 1 | 1-2 | 4-7 | 5-8 | 4320 | 37.76 |
|    | - | - | - | 4 | 4 | 6 | 3120 | 27.27 |
|    | - | - | - | 3 | 6-7 | 3-6 | 2880 | 25.17 |
|    | - | - | - | 2 | 9 | 3 | 960 | 8.39 |
| 8 | - | - | 1 | - | 2 | 8 | 720 | 5.59 |
|    | - | - | - | 2 | 0-2 | 6-12 | 1920 | 14.92 |
|    | - | - | - | 1 | 4 | 6 | 7680 | 59.67 |
|    | - | - | - | - | 8 | - | 390 | 3.03 |
|    | - | - | - | - | 6 | 6 | 1440 | 11.19 |
|    | - | - | - | - | 5 | 8 | 720 | 5.59 |
| 7 | - | - | - | 1 | 0-1 | 3-6 | 1920 | 16.78 |
|    | - | - | - | - | 3 | 3 | 1920 | 16.78 |
|    | - | - | - | - | 2 | 5-6 | 6000 | 52.45 |
|    | - | - | - | - | 1 | 8 | 1440 | 12.59 |
|    | - | - | - | - | - | 9 | 160 | 1.40 |
| 6 | - | - | - | - | 2 | - | 120 | 1.50 |
|    | - | - | - | - | 1 | 0-2 | 3120 | 38.96 |
|    | - | - | - | - | - | 6 | 192 | 2.40 |
|    | - | - | - | - | - | 4 | 3600 | 44.96 |
|    | - | - | - | - | - | 3 | 960 | 11.99 |
|    | - | - | - | - | - | - | 16 | 0.20 |
| 5 | - | - | - | - | - | 2 | 720 | 16.48 |
|    | - | - | - | - | - | 1 | 2592 | 59.34 |
|    | - | - | - | - | - | - | 960 | 21.98 |
|    | - | - | - | - | - | - | 96 | 2.20 |

# Das große Buch der Keno-Systeme Bd. 2

64 Fangnetze für System-Profis
110 Seiten, 25,00 Euro

Das Buch für alle Keno-Freunde, die an besonders großen und umfangreichen Systemen interessiert sind. Abdeckung von 21 bis 48 Wahlzahlen.

Liste der Keno-Systeme

| System Nr. | Wahl-bereich | Anzahl der Tipps | Keno-typ | Garantie-berechnung | System Nr. | Wahl-bereich | Anzahl der Tipps | Keno-typ | Garantie-berechnung |
|---|---|---|---|---|---|---|---|---|---|
| 1 | 21 | 28 | 3 | ✓ | 33 | 26 | 130 | 6 | ✓ |
| 2 | 12 | 39 | 4 | ✓ | 34 | 14 | 16 | 7 | ✓ |
| 3 | 14 | 14 | 4 | ✓ | 35 | 14 | 30 | 7 | ✓ |
| 4 | 14 | 21 | 4 | ✓ | 36 | 15 | 15 | 7 | ✓ |
| 5 | 16 | 20 | 4 | ✓ | 37 | 18 | 13 | 7 | ✓ |
| 6 | 16 | 140 | 4 | ✓ | 38 | 18 | 32 | 7 | ✓ |
| 7 | 12 | 36 | 5 | ✓ | 39 | 20 | 80 | 7 | ✓ |
| 8 | 14 | 28 | 5 | ✓ | 40 | 21 | 120 | 7 | ✓ |
| 9 | 15 | 6 | 5 | ✓ | 41 | 23 | 253 | 7 | ✓ |
| 10 | 15 | 42 | 5 | ✓ | 42 | 18 | 18 | 8 | ✓ |
| 11 | 16 | 48 | 5 | ✓ | 43 | 18 | 126 | 8 | ✓ |
| 12 | 17 | 68 | 5 | ✓ | 44 | 20 | 195 | 8 | ✓ |
| 13 | 21 | 21 | 5 | ✓ | 45 | 24 | 56 | 9 | ✓ |
| 14 | 25 | 30 | 5 | ✓ | 46 | 16 | 48 | 10 | ✓ |
| 15 | 10 | 15 | 6 | ✓ | 47 | 21 | 21 | 10 | ✓ |
| 16 | 10 | 30 | 6 | ✓ | 48 | 24 | 132 | 10 | - |
| 17 | 10 | 50 | 6 | ✓ | 49 | 30 | 30 | 8 | - |
| 18 | 11 | 11 | 6 | ✓ | 50 | 32 | 140 | 8 | - |
| 19 | 11 | 22 | 6 | ✓ | 51 | 36 | 81 | 8 | - |
| 20 | 11 | 33 | 6 | ✓ | 52 | 40 | 140 | 8 | - |
| 21 | 11 | 55 | 6 | ✓ | 53 | 48 | 144 | 8 | - |
| 22 | 11 | 66 | 6 | ✓ | 54 | 30 | 40 | 9 | - |
| 23 | 12 | 10 | 6 | ✓ | 55 | 32 | 64 | 9 | - |
| 24 | 12 | 18 | 6 | ✓ | 56 | 36 | 48 | 9 | - |
| 25 | 12 | 42 | 6 | ✓ | 57 | 40 | 160 | 9 | - |
| 26 | 12 | 132 | 6 | ✓ | 58 | 42 | 84 | 9 | - |
| 27 | 16 | 16 | 6 | ✓ | 59 | 48 | 80 | 9 | - |
| 28 | 16 | 112 | 6 | ✓ | 60 | 28 | 56 | 10 | - |
| 29 | 18 | 42 | 6 | ✓ | 61 | 28 | 112 | 10 | - |
| 30 | 20 | 40 | 6 | ✓ | 62 | 40 | 16 | 10 | - |
| 31 | 21 | 7 | 6 | ✓ | 63 | 40 | 240 | 10 | - |
| 32 | 22 | 77 | 6 | ✓ | 64 | 48 | 24 | 10 | - |

# KENO - Die Zahlenlotterie
Was Spieler wissen sollten

136 Seiten, 30,- Euro
ISBN 3-932409-08-6

Lotto hat einen ernsthaften Konkurrenten bekommen: KENO. Die guten Chancen locken immer mehr Spieler in die Annahmestellen. Doch nur wenige wissen, wie man Keno wirklich spielen sollte. Das Buch, das über alle Keno-Typen ausführlich informiert und vor den tückischen Keno-Fallen warnt.

EDV-Spezialisten von Lotto Hessen entwickelten gemeinsam mit Forschern des Berliner Fraunhofer Instituts FIRST ein Computersystem mit weltweit neuartiger Ziehungstechnologie. Es ist die Basis für ein Glücksspiel, das dabei ist, Lotto in vieler Hinsicht den Rang abzulaufen. Allein im Bundesland Hessen wurden seit dem Start am 2. Februar 2004 bis Ende des Jahres über 40 Millionen Euro umgesetzt. Diese hohe Spielerakzeptanz wird dafür sorgen daß Keno bald überall in Deutschland gespielt werden kann.

Das Prinzip der neuen Lotterie: Per Computer werden aus 70 Zahlen 20 Gewinnzahlen gezogen, 2 bis 10 Zahlen können wahlweise getippt werden. Der entscheidende Unterschied zum Zahlenlotto sind **Festquoten**, die in der Höhe bis zu einer Million Euro ausgezahlt werden, ganz gleich, welche Zahlen gezogen werden! Der Spieler weiß also genau, was er gewinnt, wenn er gewinnt. Dabei sind die Gewinnchancen zum Teil deutlich besser als im Zahlenlotto, aber – und das ist das Tückische bei Keno – nur bei bestimmten Kenotypen!

Der Erfolg hängt also weitgehend vom gespielten Kenotyp ab. Welcher bietet uns die besten Chancen? Fachbuchautor Wolfgang Teschner hat sich dieser Frage gewidmet und Keno gründlich unter die Lupe genommen. Herausgekommen ist eine Studie, die für alle Kenospieler Pflichtlektüre ist. Computersimulationen zeigen für jeden Kenotypen, was den Spieler erwartet, wenn er kurz-, mitteloder langfristig spielt. Dabei werden die Gewinnaussichten bei Keno mit zwei anderen Glücksspielen wie Lotto 6 aus 49 oder Roulette verglichen. Wo haben wir die besten Chancen? Wann lohnt sich ein Umstieg von Lotto auf Keno? Welche Kenotypen sollten wir keinesfalls spielen? Haben Systemspieler die besseren Chancen? Wieso können wir mit Keno dreimal leichter Millionär werden als mit dem Zahlenlotto? Für alle, die nicht mehr länger ins Blaue hinein spielen wollen, ist das Buch „KENO – Die Zahlenlotterie" ein unverzichtbarer Ratgeber.

Aus dem Inhalt des Buches:

- Was ist eigentlich Keno?
- Der Keno-Gewinnplan
- Die Ziehung der Kenozahlen
- Ein Blick ins Keno-Studio
- Zahlen alle Kenotypen gleich gut aus?
- Keno – ein reines Glücksspiel?
- Wieso hängt der Erfolg nicht nur vom Zufall ab?
- Wie kann man Keno mit System spielen?
- Computersimulationen aller 9 Kenotypen
- Vergleiche der Gewinnchancen von Keno mit Lotto und Roulette
- Welche Kenozahlen sollten wir spielen?
- Weshalb Sie mit Keno dreimal leichter Millionär werden können als jeder Lottospieler
- Verbesserung der Chancen bei konkreten Gewinnzielen
- Genaue Anleitung: So müssen Sie spielen!
- Was tun nach einem größeren Gewinn?
- Kenosysteme mit genauen Leistungstabellen
- Kenozahlen-Archiv

# Der Wettbörsen-Profi

Strategien und Spieltechniken
für Sportwetten-Spekulanten
280 Seiten, 35,- Euro

Der Ratgeber für gewinnorientierte Sportwetten-Freunde. Wettprofis und ihre Strategien werden vorgestellt. Verschiedene Bewertungsmodelle zeigen, wie sich gewinnbringende Quoten (Values) bestimmen lassen. Im Mittelpunkt des Buches stehen Wett-Techniken, wie man sie bei Wettbörsen anwenden kann. Ein Buch, das allen Wettfreunden präzise Anleitungen zur Entwicklung eigener Strategien gibt und darüber hinaus ausführlich über die Sportwetten-Szene informiert.

### Aus dem Inhalt (Auszug)

Ein erfolgreicher Trader
Ein Surebetter bittet zur Kasse
Ein Großmeister der Live-Wetten
Der Profispieler Dirk Paulsen
Buchmacher und das Internet
Bwin und Oddset
Der QI – oder wie schlage ich meinen Buchmacher?
Wettbörsen und Informationsdienste
Wettforen, Statistikseiten und Livescorer
Basics über Einzel-, Kombi- und Systemwetten
Die Quoten der Buchmacher
Quoten und Massenintelligenz
Die Wettbörse Betfair
Valuebetting
Der Einfluß des Zufalls
Das Kapitalmanagement nach Kelly
Bewertungsverfahren für Values
Strategien der Schnäppchenjäger
Bewertungen mit Hilfe der Poisson-Verteilung
Die Wetten „Summe der Tore"
Die Wetten „Under/Over"
Die Wettquoten
Universaltabellen
Die Wette „Erstes Tor"
Die Wette „Nächstes Tor"
Die Halbzeitstand-Wette
Die Halbzeit/Endstand-Wette
Quotentrends im In-Play
Achtung! Marktirrationalitäten
Trading-Strategien

*„Ein Meisterwerk über Sportwetten!"*

Dr. Pierre Basieux,
Buchautor (Roulette und Mathematik)

Hinweis:
Aktualisierungen von
Cover und Inhalt stets
vorbehalten.

Raum für Notizen

www.ingramcontent.com/pod-product-compliance
Lightning Source LLC
Chambersburg PA
CBHW082347220526
45470CB00008B/2675